会努力，才会有未来

宿文渊 编著

中国华侨出版社

北京

图书在版编目 (CIP) 数据

会努力，才会有未来 / 宿文渊编著 . —北京：中
国华侨出版社 , 2017.12

ISBN 978-7-5113-7155-3

Ⅰ . ①会… Ⅱ . ①宿… Ⅲ . ①成功心理—通俗读物
Ⅳ . ① B848.4-49

中国版本图书馆 CIP 数据核字（2017）第 272257 号

会努力，才会有未来

编　　著：宿文渊
出 版 人：刘凤珍
责任编辑：若　奚
封面设计：施凌云
文字编辑：郝秀花
美术编辑：盛小云
插图绘制：LAW
封面供图：海洛创意
经　　销：新华书店
开　　本：880mm×1230mm　1/32　印张：8　字数：160 千字
印　　刷：北京华平博印刷有限公司
版　　次：2018 年 1 月第 1 版　　2018 年 1 月第 1 次印刷
书　　号：ISBN 978-7-5113-7155-3
定　　价：32.00 元

中国华侨出版社　北京市朝阳区静安里 26 号通成达大厦 3 层　邮编：100028
法律顾问：陈鹰律师事务所
发 行 部：（010）58815874　　　　传　真：（010）58815857
网　　址：www.oveaschin.com　　E－mail：oveaschin@sina.com

如果发现印装质量问题，影响阅读，请与印刷厂联系调换。

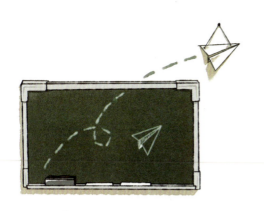

你的人生里有没有出现过这样的时刻：想要奔跑，却不知脚步该迈向何方；站在人生的十字路口，却彷徨着不知该走哪一条路？高尔夫球教练总是说："方向是最重要的。"其实，人生何尝不是如此。人生并不是什么时候都需要坚强的毅力，毅力和坚持只有在正确的方向下才会有用。若努力的方向错了，毅力和坚持只会让人南辕北辙，输得更惨。大多数情况下，人更需要的是分辨方向的智慧。唯有此，努力才有意义。

是的，我们大家都相信，一个人越努力，就越幸运。但是在这个时代，仅仅努力还不行，还要学会聪明地努力，在万变的现实世界中找到真正适合自己的方法，从而找到努力的"支点"和"杠杆"。聪明地努力，合理地借力，科学地用力，才能拥有自己想要的未来。

成功不会从天而降，它需要我们每天不断地努力、积累。在人生的舞台剧里，做自己人生的主角，演绎自己的人生，不为他人的眼光而活，更不要因畏惧现实而逃避。

你要聪明地努力，才会有不俗的未来。这个世界是非常残酷的，表面的平和掩饰不了人与人之间优胜劣汰的自然法则。机会永远是留给少数人的，所以，你必须勇敢，敢于冒险，去把握机会。每个人都盼望着未来的自己能幸福、成功，能走上憧憬中的道路，能坐上梦寐以求的位置。其实这一切都可以不只是梦想，因为未来的一切都取决于今天的你，你今天踏出的每一步都在为你的未来奠基。

人与人之间的差距很小，但有时又很大。这种差距并不是体现在你努力的那99%，而恰恰在于剩余的那1%。努力，坚持，拼搏，敞开你的心扉，去勇敢面对挫折和失意。你相信梦想，梦想就会相信你。只要你选择了正确的努力方向，不停下自己的脚步，人生，总会有不期而遇的温暖，给你生生不息的希望！

我们最大的敌人就是自己，我们往往不是输给喜怒无常的人生，而是输给随波逐流的自己。人的一生虽然漫长，但紧要的也就那么几步，所以找到努力的方向、会努力就显得尤为重要。当你所选择的是你所热爱的职业或人生道路时，从容地前行，扎实地前进，不要将自己逼得太紧，慢慢地你会发现，你所要的岁月都会给你。

希望那些勤奋的年轻人，看完这本书，可以少走弯路，学会融入现实社会，聪明地努力，完成自己的爆发式成长，拥有自己想要的未来。

第三章 选择大于努力，少走弯路才是最快的捷径

第四章 学会变通，蛮干只是在浪费汗水

第七章　不绝望，就会有希望

第八章　跟对人，做对事，努力才有价值

第十一章　走自己的路，也要听别人怎么说

第一章

定好目标，方向不对
努力白费

dìnghǎo mùbiāo fāngxiàng buduì mǔlì bàifèi

会努力，才会有未来

看不清目标，你就永远无法到达终点

生活快乐与否，完全取决于一个人对人、事、物的看法如何。因为，生活是由思想造就的。

成功学家卡耐基曾参加过一个广播节目，要求找出"你所学到的最重要的一课是什么"。

这很简单，卡耐基认为自己学到的最重要的一课是：思想的重要性。只要知道你在想些什么，就知道你是怎样的一个人，因为每个人的特性都是由思想造就的。每个人的命运，很大程度上取决于他们的心理状态。塞缪尔·麦克格罗什说："我们的思想是打开世界的钥匙。"每一个人所必须面对的最大问题——事实上可以算是我们需要应付的唯一问题，就是如何选择正确的思想。如果我们能做到这一点，就可以解决所有的问题。曾经统治罗马帝国，本身又是伟大哲学家的马库斯·奥里亚斯，把这些总结成一句话——决定你命运的一句话："生活是由思想造就的。"

不错，如果我们想的都是快乐的事情，我们就能快乐；如果我们想的都是悲伤的事情，我们就会悲伤；如果我们想到一些可怕的事情，我们就会害怕；如果我们想的是不好的事情，我们恐怕就会担心；如果我们想的都是失败，我们就会失败；如果我们沉浸在自怜里，大家都会有意躲开我们。诺曼·文生·皮尔说："你并不是你想象中的那样，而你却是你所想的。"

我们会发现，当我们改变对事物和其他人的看法时，事物和其他的人对我们来说就会发生改变。要是一个人把他的思想引向光明，他就会很吃惊地发现，他的生活受到很大的影响。一个人所能得到的，正是他自己思想的直接结果。有了奋发向上的思想之后，一个人才能努力奋斗，才能有所成就。如果我们的思想消极，我们就永远只能弱小而愁苦。

人生需要设计

有一句名言："你希望自己成为什么样的人，你就会成为什么样的人。"人生就是"自我"不断实现的过程，自我实现的要求产生于自我意识觉醒之后，经历了"自我意识——自我设计——自我管理——自我实现"这样一个过程。如果把自我设计看作立志，那么自我管理便是工作，而自我实现就处在自我管理的过程中和终极点上。

人在一生中会做无数次的设计，但如果最大的设计——人生设计没做好，那将是最大的失败。设计人生就是要对人生实行明确的目标管理。如果没有目标，或者目标定位不正确，你的一生必然碌碌无为，甚至是杂乱无章的。做好人生设计，必须把握两点：一是善于总结，一是善于预测。对过去进行总结和对未来进行设计并不矛盾。只有对自己的过去好好地进行回顾、梳理、反思，才能找出不足，继续发扬优势。这样，在进行人生设计时，才能扬长避短。而对未来进行预测，就是说要有前瞻性的观念。缺少了前瞻性的观念，人将无法很好地预见自己的未来，预见事物的动态发展变化，也就不可能根据自己的预见进行科学的人生设计。一个没有预见性的人，是不可能设计好人生、走好人生之路的。

还有一点必须记住，那就是设计好人生的前提是自知、自查。了解自己，了解环境，这是成功的前提条件。知己知彼，方能百战不殆。对自己有着清楚的了解与估量，才能有的放矢地进行人生设计。在知己知彼以后，需要对自己合理定位。人不是神，有很多不足和缺陷，对自己期望过低、过高都不利于自身成长。

但设计人生不能盲从，也不能一味地服从与遵循死理。设计目标是为了实现目标，而不是为了设计而设计。设计只是一种手段，而不是我们要的结果。因此，我们需要变通的设计，因时因事因地而变化。设计也不是屈服，设计的主动权要掌握在我们自己的手中——我的人生我做主，用自己手中的画笔在画布上画出美丽的图画。

要改变命运，先改变思路

我们不是没有好的机会，而是没有好的思路。思路影响并决定了人的精神和素质。在相同的客观条件下，由于人的思路不同，主观能动性的发挥就不同，产生的行为也就不同。有的人因为具有先进的思路，虽然一穷二白，却白手起家，出人头地；有的人即使坐拥金山，但由于思路落后，导致家道中落，最后穷困终生。

亿万财富买不来一个好思路，而一个好思路却能让你赚到亿万财富。为什么世界上所有的财富拥有者都能够在发现、捕捉商机上独具慧眼、先知先觉呢？根本原因就是他们思想上不保守，思路更新更快！

都说知识改变命运，事实上，真正改变人命运的是思路，单单仅凭知识是改变不了命运的！很多自诩才高八斗、学富五车的人不是一样穷困潦倒吗？

人的思想决定了人的言行举止，起着先导的作用。从奔月传说到载人宇宙飞船遨游太空，说到底都是思路更新、思想进步的结果。

思路超前，就能想别人之不敢想，为别人之不敢为，自然就能够发现别人视而不见的绝佳机会，获得成功自然是水到渠成的事。

市场经济的规律告诉我们：只有思路常新才有出路。成功的喜悦从来都是属于那些思路常新、不落俗套的人们。一堆木料，将它用来做燃料，分文不值；如果将它卖掉，能够卖几十元；如果你有木匠的手艺，将它制作成家具再卖掉，能够卖好几百块；如果你有高级木匠的手艺，将它制作成高级屏风卖掉，那就能够卖几千元！

思路的更新是永无止境的。思路是创新的先导，需求是创新的动力。

现在有一句顺口溜：脑袋空空口袋空空，脑袋转转口袋满满。要想赚钱，就要勇于开拓，不断创新，为自身发展闯出更广阔的新天地。要问财富来自哪里，财富其实就在你的头脑里！人与人的最大差别是思想、思路，有的人长期走入赚钱的误区，一想到赚钱就想到开工厂、开店铺。这一想法不突破，就抓不住机遇。

要改变命运，先改变思路！

从多维的角度思考人生

要想成功就要学会从多维的空间和一维的时间角度观察并思考人与环境的关系，善于从中认识自己，知道自己在环境里处在怎样的位置上。这种多维的取向并非是要你去尝试各种职业或各种生活方式，而是要你从个性的种种要素上充分地相信自己，培育自己，挖掘自己的能力。

多维思维可以使你发散式（如阳光四射）地或辐合式（如磁铁引力）地洞悉事物的内外联系。其中自然有以时间为参照物的回顾与展望，这样无论是微观或宏观对象，都能以立体思维的方式，或精细分析，或综合体悟而获得解释和创见。当人以立体思维的视野和方式思考问题时，就能以最小的偏见或成见看问题，也能获得更多的灵感和远见。

那么，怎样有意识地训练自己多维的思考能力呢？

多维思考问题，能够帮助我们突破思维的局限，扩大思维的视角，同时拓展思维的深度。我们要将自己的个性发展定位在全息的时空背景里，自己从每件小事做起，从每一条信息中看到有价值的部分，在每一个机会里安排下自己的目标，从自己的每一个念头里发现新的内容，在每一回冲动里感到自己的热情与意志，并在每一次行动中体验到自己的成长。这时我们会觉得"每一天的太阳都是新的"，世界充满了生机，我们有那么多的事要做，有那么多东西要学，可走的路四通八达，肯帮我们的人无处不在。

人生从来没有太晚的开始

只要你有一颗追求卓越的心，你的人生随时都能重新开始。

这个世界上不会有人一生都毫无转机，穷人可能会腾达为富人，富人也可能沦落为穷人。很多事情都是在一瞬间发生的。富有或贫穷，胜利或失败，光荣或耻辱，所有的改变都会在一瞬间发生。

CNN（美国有限电视新闻网）的创始人特德·特纳，年轻时是一个有名的花花公子，从不安分守己，他的父亲也拿他没办法。

他曾两次被布朗大学除名。不久，他的父亲因企业债务问题而自杀，他因此受到了很大的触动。他想到父亲含辛茹苦地为家庭打拼，他却在胡作非为，不仅不能帮助父亲，反而为父亲添了无数麻烦。他决定改变自己的行为，要把父亲留给自己的公司打理好。从此他变了一个人，成了一个工作狂，而且不断寻找机会，壮大父亲留下的企业，最终将CNN从一个小企业变成了世界级的大公司。

禅宗讲求顿悟，认为人的得道在于顿悟，在于一刹那的开悟。其实人生也是这样，思想的改变就在一瞬间。当我们顿悟后，我们就能洞察生命的本质，将蕴藏在心中的潜能都充分地发挥出来。

一个人想要达到成功的巅峰，也需要顿悟，从你的内心深处升起的那份卓越的渴望，将会在瞬间改变你的一生。

定位改变人生

一个人怎样给自己定位，将决定其一生成就的大小。志在顶峰的人不会甘于平地，甘心做奴隶的人永远也不会成为主人。

你可以长时间努力工作，而且创意十足、聪明睿智、才华横溢、屡有洞见，甚至好运连连，可是，如果你无法在创造过程中给自己正确定位，不知道自己的方向是什么，一切都会徒劳无功。所以说，你给自己定位什么，你就是什么，定位能改变人生。

汽车大王福特从小就在头脑中构想能够在路上行走的机器，

用来代替牲口和人力。而全家人都希望他在农场做助手，但福特坚信自己可以成为一名机械师。于是他用一年的时间完成了别人要 3 年才能完成的机械师培训，随后他花 2 年多时间研究蒸汽机，试图实现自己的梦想，但没有成功。随后他又投入到汽油机研究中，每天都梦想制造一部汽车。他的创意被发明家爱迪生所赏识，邀请他到底特律公司担任工程师。经过 10 年努力，他成功制造出了第一部汽车引擎。福特的成功，完全归功于他的正确定位和不懈努力。

在现实中，总有这样一些人：他们或因受宿命论的影响，凡事听天由命；或因性格懦弱，习惯依赖他人；或因责任心太差，不敢承担责任；或因惰性太强，好逸恶劳；或因缺乏理想，混日为生……总之，他们做事低调，遇事逃避，不敢为人之先，不敢转变思路，而被一种消极思想所支配，甚至走向极端。

也许，每个人对成功的理解都有所不同，但无论你怎样看待成功，你必须正确定位自己。

🏔 成功取决于梦想的高度

戴高乐说："眼睛所到之处，是成功到达的地方，唯有伟大的人才能成就伟大的事，他们之所以伟大，是因为他们决心要做出伟大的事。"教田径的老师会告诉你："跳远的时候，眼睛要看着远处，你才会跳得更远。"

爱诺和布诺同时受雇于一家超级市场，开始时大家都一样，从最底层干起。可不久爱诺受到总经理青睐，一再被提升，从领班直升到部门经理。布诺却像被人遗忘了一般，还在最底层。终于有一天布诺忍无可忍，向总经理提交辞呈，并痛斥总经理不公平，辛勤工作的人不提拔，倒提升那些吹牛拍马的人。

总经理耐心地听着，他了解这个小伙子，工作肯吃苦，但似乎缺少了点什么，缺什么呢？总经理忽然有了个主意。"布诺先生，"总经理说，"你马上到集市上去，看看今天有什么卖的。"

布诺很快回来说，集市上只有一个农民拉了车土豆在卖。

"一车大约有多少袋？"总经理问。

布诺又跑去，回来说有10袋。

"价格多少？"

布诺再次跑到集市上。总经理望着跑得气喘吁吁的布诺说："请休息一会儿吧，看爱诺是怎么做的。"说完，总经理叫来爱诺，对他说："爱诺先生，你马上到集市上去，看看今天有什么卖的。"

爱诺很快从集市回来了，汇报说到现在为止只有一个农民在卖土豆，有10袋，价格适中，质量很好，他带回几个让总经理看。这个农民过一会儿还将弄几筐西红柿出售。爱诺认为西红柿的价格还算公道，可以进一些货。这种价格的西红柿总经理可能会要，所以，他不仅带回了几个西红柿做样品，而且把那个农民也带来了，现在正在外面等着回话呢！

总经理看了一眼红了脸的布诺，对爱诺说："请他进来。"

爱诺由于比布诺多想了几步，所以在工作上取得了较大的成功。

在现实生活中，远见卓识将给你的生活和工作带来极大的好处。

凯瑟琳·罗甘说："远见告诉我们可能会得到什么东西，远见召唤我们去行动。心中有了一幅宏图，我们就从一个成就走向另一个成就，把身边的物质条件作为跳板，跳向更高、更好的境界。这样，我们就拥有了无可衡量的永恒价值。"

远见会给你带来巨大的利益，会为你打开不可思议的机会之门。远见会发掘你人生发展的潜力。要知道，一个人越有远见，他就越有潜能。

一方面，远见会使你的工作与生活轻松愉快。成就令人生更有乐趣，它赋予你成就感，赋予你乐趣。当那些小小的成绩为更大的目标服务时，每一项任务都成了一幅更大的图画的重要组成部分。

另一方面，远见会给你的工作增添价值。当我们的工作是实现远见的一部分时，每一项任务都具有价值。哪怕是最单调的任务也会给你满足感，因为你看到更大的目标正在实现。

把眼光放得再远一点

一个想要成功的人，必须是一个具有远见的人。

缺乏远见的人可能会被等待着他们的未来弄得目瞪口呆，变化之风会把他们刮得满天飞。他们不知道会落在哪个角落，等待他们的又是什么。

如果你有远见，那么你实现目标的机会将会大大增加。美国商界有句名言："愚者赚今朝，智者赚明天。"但凡成功的企业家，每天必定用 80% 的时间考虑企业的明天，只用 20% 的时间处理日常事务。着眼于明天，不失时机地发掘或改进产品或服务，满足消费者新的需求，就会独占鳌头，形成"风景这边独好"的局面。

19 世纪 80 年代，约翰·洛克菲勒已经以他独有的魄力和手段控制了美国的石油资源，这一成就主要受益于他那从创业中锻炼出来的预见能力和冒险胆略。1859 年，当美国出现第一口油井时，洛克菲勒就从当时的石油热潮中看到了这项风险事业的良好前景。他在与对手争购安德鲁斯—克拉克公司的股权中表现出了非凡的冒险精神。拍卖从 500 美元开始，洛克菲勒每次都比对手出价高，当达到 5 万美元时，双方都知道，标价已经大大超出石油公司的实际价值，但洛克菲勒满怀信心，决意要买下这家公司。当对方最后出价 7.2 万美元时，洛克菲勒毫不迟疑地出价 7.25 万美元，最终战胜了对手。

洛克菲勒开始经营当时风险很大的石油生意。当他所经营的标准石油公司在激烈的市场竞争中占据了市场份额的 90% 时，他并没有停止冒险行为。19 世纪 80 年代，利马发现一个大油田，因为含碳量高，人们称之为"酸油"。当时没有有效的办法提炼它，因此一桶油只卖 15 美分。洛克菲勒预见到总有一天能找到提炼这种石油的方法，坚信它的潜在价值是巨大的，执意要买下这个油田。当时他的这个提议遭到董事会多数人的反对，洛克菲勒说："我将冒个人风险，自己出钱去购买这个油田，如果必要，我会拿出 200 万，甚至 300 万。"洛克菲勒的决心迫使董事们同意了他的决策。结果不到 2 年时间，洛克菲勒就找到了炼制这种酸油的方法，油价由每桶 15 美分涨到 1 美元，标准石油公司在那里建造了当时世界上最大的炼油厂，赢利猛增到几亿美元。

远见使人们在人类的巨大画卷中洞察到未来的情景。只有看到别人看不见的事物的人，才能做到别人做不到的事情。远见是成功者必备的素质之一，每一个渴望成功的人都要有意识地培养自己的预见能力。

你希望自己什么样，就会成为什么样

科学家做过一个实验：把跳蚤放在桌子上，然后一拍桌子，跳蚤条件反射地跳起来，跳得很高。然后科学家在桌子的上方放一块玻璃罩后，再拍桌子，跳蚤再跳撞到了玻璃。跳蚤发现有障碍，就开始调整自己的高度。科学家把玻璃罩往下压，然后再拍桌子；跳蚤再跳上去，再撞上去，再调整高度。就这样，科学家不断地调整玻璃罩的高度，跳蚤就不断地撞上去，不断地调整高度。直到玻璃罩与桌子高度几乎相平。这时，把玻璃罩拿开，再拍桌子，跳蚤已经不会跳了，变成了"爬蚤"。

跳蚤之所以变成"爬蚤"，并非它已丧失了跳跃能力，而是由于一次次受挫使它学乖了。它为自己设了一个限，认为自己永远也跳不出去，而后来尽管玻璃罩已经不存在了，但玻璃罩已经

"罩"在它的潜意识里，罩在心上，变得根深蒂固。行动的欲望和潜能被固定的心态扼杀了，它认为自己永远丧失了跳跃的能力。这也就是我们所说的"自我设限"。

你是否也有类似的遭遇？生活中，一次次的受挫、碰壁后，奋发的热情、欲望就被"自我设限"压制、扼杀。对失败惶恐不安，却又习以为常，丧失了信心和勇气，渐渐养成了懦弱、犹豫、害怕承担责任、不思进取、不敢拼搏的习惯，成为你内心的一种限制。一旦有了这样的习惯，你将畏首畏尾，不敢尝试和创新，随波逐流，与生俱来的成功火种也就随之熄灭了。

要挣脱自我设限，关键在自己。西方有句谚语说得好："上帝只拯救能够自救的人。"成功属于愿意成功的人。如果你不想去突破，挣脱固有想法对你的限制，那么，没有任何人可以帮助你。不论你过去怎样，只要你调整心态，明确目标，乐观积极地去行动，那么你就能够扭转劣势，更好地成长。

丹尼斯加入某保险公司快一年了，他始终忘不了工作第一天打的第一个电话。当他热情地拨通电话，联络自己的第一个客户时，没想到他刚说明了自己的工作身份，对方就非常生硬地打断了他的话，不但拒绝了他的推销，更是将他骂了一顿。从那以后，再打电话推销时，丹尼斯心中便有了阴影，说话没有任何立场，讲解吞吞吐吐，自然没有人愿意向他买保险。工作近一年的时间，他一份保单都没有签成。他开始想，自己的口才不好，或许并不适合这份工作，灰心极了。经理鼓励他要自己给自己机会，没有谁生来就注定成功，也没有人会一直失败。听了经理的话，丹尼斯鼓足勇气，决定搏一搏。丹尼斯找出一个曾经联系过却被拒绝的客户的资料，仔细研究他的需要，选择了一份适合他的险种。一切准备妥当后，他拨通了对方的电话，用自信和真诚征服了那个客户，对方买下了他推销的保险。丹尼斯终于打破了自我设限，尝到了成功的滋味。

唤醒心中的巨人

生活中，有无数人是在阅读一本激励人心的书或是一篇感人至深的励志美文时突然感到灵光一闪，蓦地发现了一个崭新的自我。如果没有这样的书或文章，他们可能会永远对自身的真实能力懵懂无知。任何能够使我们真正认识自己、能够唤醒我们全部潜能的东西都是无价之宝。

问题在于，我们中绝大多数人从来没有被唤醒过，或者是直到晚年才真正认识自身的能力——但往往是为时已晚，再也不可能有大的作为了。因此，非常重要的一点就是，我们在年轻时就应当对自身的潜能有一个清醒的认识，唯其如此，我们才能有效地发掘生命的潜力，在最大意义上实现自我的价值。

因此，最大化地开发一个人的潜能，已成为每个人一生要面对的重要命题。那如何才能让潜能淋漓尽致地开发出来呢？其实，潜能开发的途径有许多，但从成功学的角度而言，主要有4个方面，即"诱、逼、练、学"。

1."诱"就是引导

寻求更大领域、更高层次的发展，是人生命意识里的根本需求。"这山望着那山高"是人的本性。因此，具有主体自觉意识的自我，有理性的自我，是绝不愿意停留在任何一种狭小的、有限的状态之中的，而总是想要不断开拓以取得更大的发展和成功，从而更好地生存。这种炽热的、旺盛的发展需要，是成功渴望的表现，是潜能蓄势待发的前兆。只要对这种发展意识给予有益的暗示、引发、规划和培育，就能很好地激发、释放潜能。

2."逼"就是逼迫

人是一个复杂的矛盾体，既有求发展的需要，又有安于现状、得过且过的惰性。能够卧薪尝胆、自我警醒的人少之又少。更多的人需要的是鞭策和当头棒喝式的触动，而"逼"就是"最自然"的好办法。人们常说的"压力就是动力"，就是这个意思。因此，被逼不是"无奈"，被逼是福。

逼自己，就是战胜自己，必须比自己的过去更新；逼自己，就是超越竞争，必须比别人更新。别人想不到，我要想到；别人不敢想，我敢想；别人不敢做，我来做；别人认为做不到，我一定要做到。潜能的力量，是巨大的！人的潜能也遵循着"马太效应"，越开发使用就越多越强。

3. "练"就是练习

此处特指专家为开发人的潜能而专门设计的练习、题目、测验、训练，如脑筋急转弯、一分钟推理等，多做有益。另外，还包括"潜意识理论与暗示技术""自我形象理论与观想技术""成功原则和光明技术""情商理论与放松入静技术"等。

4. "学"就是学习

学习是增加潜能基本储量及促使潜能发挥的最佳方法。知识丰富必然联想丰富，而智力水平正是取决于神经元之间信息连接的面和信息量。在认识了你的潜能之后，你就必须去开发、挖掘你的潜能。只要你对自己有足够的信心，那么你就能够将这种潜能发挥到极致。

第二章

想到达明天，现在就要起程

会努力，才会有未来

梦想的起点就在"当下"

天下最可悲的一句话就是:"我当时真应该那么做,但我却没有那么做。"经常会听到有人说:"如果我当年就开始那笔生意,早就发财了!"一个好创意胎死腹中,真的会叫人叹息不已,永远不能忘怀。一个人被生活的困苦折磨久了,如果有了一个想要改变的梦想,那他已经走出了第一步,但是若想看见成功的大海,只走一步又有什么用呢?

因此,你有了梦想,只有行动起来,最终才能摆脱受折磨的命运。

连绵的秋雨已经下了几天,在一个大院子里,有一个年轻人浑身淋得透湿,但他似乎毫无觉察,满脸怒气地指着天空,高声大骂着:"你这该千刀万剐的老天呀,我要让你下十八层地狱!你已经连续下了几天雨了,弄得我屋也漏了,粮食也霉了,柴火也湿了,衣服也没得换了,你让我怎么活呀?我要骂你、咒你,让你不得好死……"

年轻人骂得越来越起劲,火气越来越大,但雨依旧淅淅沥沥,毫不停歇。

这时,一位智者对年轻人说:"你湿淋淋地站在雨中骂天,过两天,下雨的龙王一定会被你气死,再也不敢下雨了。"

"哼!它才不会生气呢,它根本听不见我在骂它,我骂它其实也没什么用!"年轻人气呼呼地说。

"既然明知没有用,为什么还在这里做蠢事呢?"

会努力,才会有未来 HUI NULI CAIHUI YOU WEILAI

年轻人无言以对。

智者说："与其浪费力气在这里骂天，不如为自己撑起一把雨伞。自己动手去把屋顶修好，去邻家借些干柴，把衣服和粮食烘干，好好吃上一顿饭。"

"与其浪费力气在这里骂天，不如为自己撑起一把雨伞。"智者的话对于我们来说，不失为一句"醒世恒言"。与其在困境中哀叹命运不公，为什么不把这些精力用在改变困境的行动上呢？

用行动改变现状

一位哲人曾这样说过："我们生活在行动中，而不是生活在岁月里。"要改变你的生活，你首先要行动起来，只有行动才是改变你现状的捷径。

曾亲眼目睹两位老友因车祸去世而患上抑郁症的美国男子沃特，在无休止的暴饮暴食后，体重迅速膨胀到了无法自抑的地步，直线逼近 200 公斤。当逛一次超市就足以让沃特气喘吁吁缓不过气儿时，沃特意识到自己已经到了绝境。绝望之中的沃特再也无法平静，他决定做点什么。

打开年轻时的相册，里面的自己是一个多么英俊的小伙子啊。深受刺激的沃特决定开始徒步全美国的减肥之旅，迅速收拾好行囊，沃特带着接近 200

公斤的庞大身躯出发了。穿越了加利福尼亚的山脉，走过了新墨西哥的沙漠，踏过了都市乡村、旷野郊外……整整一年时间，沃特都在路上。他住廉价旅馆，或者就在路边野营。他曾数次遇到危险，一次在新墨西哥州，他险些被一条剧毒的眼镜蛇咬伤，幸亏他及时开枪将之打死。至于小的伤痛简直就是家常便饭，但是他坚持走过了这一年，一年后，他步行到了纽约。

他的事情被媒体曝光后，深深触动了美国人的神经。这个徒步行走立志减肥的中年男子，被《华盛顿邮报》《纽约时报》等媒体誉为"美国英雄"，他的故事感动了美国。不计其数的美国人成为沃特的支持者，他们从四面八方赶来，为的就是能和这个胖男人一起走上一段路。每到一个地方，就会有沃特的支持者们在那里迎接他。

当他被美国收视率最高的节目之一——《奥普拉·温弗利秀》请到现场时，全场掌声雷动，为这个执着的男人欢呼。出版商邀请他写自传，电视台找他拍摄专辑……更不可思议的是，他的体重成功减掉50公斤，这是一个多么惊人的数字！

许多美国人称，沃特的故事使他们深受激励，原来只要行动，生活就可以过得如此潇洒。沃特说这一切让他感到意外："人们都把我看作是一个美国英雄式的人物，但我只是一个普通人，现在我意识到，这是一次精神的旅行，而不仅仅是肉体。"他的个人网站"行走中的胖子"，吸引了无数访问者，很多慵懒的胖子开始质问自己："沃特可以，为什么我不可以？"

徒步行走这一年，沃特的生活发生了巨变。从一个行动迟缓的胖子到一个堪比"现代阿甘"的传奇式人物，沃特用了一年的时间，他的收获绝不仅仅是减肥成功这么简单。放弃舒适的固有生活，做一种人生的改变，人人都可以做到，但未必人人愿意行动。所以，沃特成功了。

你也是，只要付诸行动，没有什么不可以。勇敢行动起来，创造自己生命的奇迹吧！

积极主动的人才能更靠近成功

《颜氏家训》中说："天下事以难而废者十之一，以惰而废者十之九。"惰性往往是许多人虚度时光、碌碌无为的性格因素。许多人奉行"今天不为待明朝，车到山前必有路"。结果，青春年华在这无休止的拖拉中流逝殆尽。

懒惰，从某种意义上讲就是一种堕落，一种具有毁灭性的东西，它就像一种精神腐蚀剂一样，慢慢地侵蚀着你。一旦背上了懒惰的包袱，生活将是为你掘下的坟墓。

一位母亲在出门前，怕自己的儿子饿着，给他烙了几张足以吃半个月的大饼；又怕儿子懒得动手，就给他套在了脖子上。然而当她一周后回家时，看到儿子已经饿死了，大饼却剩下一大半。原来儿子只将脖前的饼啃掉，啃完后又懒得用自己的手去转一下，以便吃到另一面，结果就被饿死了。

这个故事虽然有些夸张，却说明了懒惰的恶劣本质。一个连自己的手都懒得抬起，害怕或不愿意付出相应劳动的人，还能奢望拥有什么呢？

美好的生活要靠勤劳获取

"懒惰"是个很有诱惑力的怪物，一生中谁都会与这个怪物相遇。比如，早上躺在床上不想起来，起床后什么事也不想干，能拖到明天的事今天不做，能推给别人的事自己不做，不懂的事自己不想懂，不会做的事自己不想做……许多本来可以做到的事，因为一次又一次的懒惰拖延而错过了成功的机会。所以，要想改变懒惰的现状，一定要走上勤奋的道路。

"勤奋是通往荣誉圣殿的必经之路！"这是古罗马皇帝临终前留下的遗言。古罗马人有两座圣殿，一座是勤奋的圣殿，一座是荣誉的圣殿。他们在安排座位时有一个顺序，必须经过前者，才能达到后者——说明勤奋是通往荣誉圣殿的必经之路。

艾伦是一家公司的速记员。一个星期六下午，同事们约好了去看球赛，这时一位律师走进来问艾伦，去哪儿能找到一位速记员来帮忙。艾伦告诉他，其他的速记员都看球赛去了，如果晚来5分钟，自己也会走。艾伦又说："球赛随时都可以看，工作第一，让我来帮你吧。"

律师问应该付多少钱给艾伦，艾伦开玩笑地回答："哦，既然是你的工作，大约1000元吧。换了别人，我就免费帮忙。"律师笑了笑，向艾伦表示谢意。

　　艾伦确实是在开玩笑，他早把 1000 元的事忘得一干二净。但在 6 个月后，律师却支付他 1000 元，还邀请艾伦到自己的公司工作，薪水比现在的高一倍。

　　艾伦只是在不经意间多做了一点点事情，结果却得到如此巨大的回报。这样看来，比别人勤奋一点点，你将会受益匪浅。

　　很多人认为，只要完成分配的任务就可以了，其实这样远远不够，你还需要多做一些事情，多承担些责任。也许你的付出无法立刻得到相应的回报，但不要灰心失望，只要你一如既往地投入，回报可能会在不经意间，以出人意料的方式出现。你付出的努力如同存在银行里的钱，当你需要的时候，它随时都会为你服务；当你不需要时，它也会为你储蓄升值。所以拒绝懒惰，走向勤奋吧，只有这样，你才能拥有一个美好的明天。

🏔 宁要一个完成，不要千万个开始

《明日歌》曾经写道："明日复明日，明日何其多！日日待明日，万事成蹉跎。"生活中拖延的现象屡见不鲜，会让人一事无成，甚至毁掉前程。所以生活中一定要克制拖延，克制拖延你才能成功。

深夜，一个危重病人走到了他生命中的最后一分钟，死神如期来到了他的身边。他对死神说："再给我一分钟好吗？我想利用这一分钟看一看天，看一看地，想一想我的朋友和亲人。如果运气好的话，我还可以看到一朵绽开的花。"

死神说："你的想法不错，但我不能答应。因为我早已留了足够的时间让你去欣赏这一切，你却没有去珍惜。我把你的时间明细账罗列如下：做事拖延的时间从青年到老年共耗去了36500小时，折合1520天。做事有头无尾、马马虎虎，使得事情不断要重做，浪费了大约300多天。因为无所事事，你经常发呆；你经常埋怨、责怪别人，找借口、找理由、推卸责任；你利用工作时间和同事侃大山，把工作丢在一旁毫无顾忌；工作时间呼呼大睡，你还和无聊的人煲电话粥；你参加了无数次无所用心、懒散昏睡的会议，这使你的睡眠时间远远超出了20年；你也组织了许多类似的无聊会议，使更多的人和你一样睡眠超标；

还有……"

说到这里，这个危重病人断了气。死神叹了口气说："如果你活着的时候能节约一分钟，你就能听完我给你记下的账单了。"

每个人的生命都是有限的。你可以给自己时间，但生命却不会给你时间，正如中国古代诗人李商隐所吟诵的"人间桑海朝朝变，莫遗佳期更后期"。

有些事情你的确想做，但却总是在拖延，同时你安慰自己并没有真正放弃决心。你会跟自己说："我知道我要做这件事，可是我也许会做不好或不愿意现在就做。应该准备好再做，于是，我当然可以心安理得了。"每当你需要完成某个艰苦的工作时，你都可以求助于这种所谓的"拖延法宝"，这个法宝成了你最容易也是最好的逃避方式。你拖延得了一时，却拖延不过一世。在你避免可能遭到失败的同时，你也失去了取得成功的机会。

从现在开始行动

不要逃避今天的责任而等到明天去做，因为，明天是永远不会来临的。现在就采取行动吧，即使你的行动不会使你马上成功，但是总比坐以待毙要好。当你养成"现在就动手做"的习惯，那么你就将掌握主动进取的精髓。

生命中真正的财富往往属于那些能以行动积极寻求的人。成功不会由挂着皇家徽章的管弦乐队伴随着而来，它往往属于长期艰苦努力工作的人。

不要等待"时来运转"，也不要由于等不到而觉得恼火和委屈，要从小事做起，要用行动争取胜利。记住，立即行动！

没有目标的船，哪儿也去不了

每一个走向成功的人，无疑都会面临一个选择方向、确定目标的问题。正如空气、阳光之于生命那样，人生须臾不能离开目标的引导。

有了目标，人们才会下定决心攻占事业高地；有了目标，深藏在内心的力量才会找到"用武之地"。若没有目标，你绝不会采取真正的实际行动，自然与成功无缘。

早在40多年前，生活在洛杉矶的15岁的少年约翰·戈达德对自己一生中计划要做的事列了一张清单，上面有127个要实现的目标，他将此清单称为"我的生命单"。其中包括读完莎士比亚、柏拉图和亚里士多德的著作，访问世界每一个国家，访问月球等。将自己的梦想列在纸上后，他就一件一件，分秒必争地将它们变成现实。59岁时，戈达德已实现了106个目标。他说："我在少年时开列的生命清单，反映了一个少年人的兴趣。尽管有些事情我是永远也无法做到的——例如，登上珠穆朗玛峰和访问月球。然而，确定的目标往往是这样的：有些事情可能超出你的能力，但那并不意味着你得放弃整个梦想。"现在，他仍然不放弃确定的目标，努力在每一年中实现一个目标，包括参观中国的万里长城和访问月球。可见，是目标所蕴含的神奇推力使戈达德勇往直前，虽然他已不再年轻，但却仍然信心十足。

只要你选准了目标，选对了适合自己的道路，并不顾一切地走下去，终能走向成功。确立了目标并坚定地"咬住"目标的人，才是最有力量的人。目标，是一切行动的前提。事业有成，是目标的赠与。确立了有价值的目标，才能较好地分配自己有限的时间和精力，较准确地寻觅突破口，找到聚光的"焦点"，专心致志地向既定方向猛打猛冲。那些目标如一的人，能抛除一切杂念，聚积起自己的所有力量，全力以赴地向目标挺进。

制订目标的技巧

要成功就要设定目标，没有目标是不会成功的。目标就是方向，就是成功的彼岸，就是生命的价值和使命。

而目标的设定也是需要技巧的，当你确立了自己人生的终极目标之后，你就应该为了你的终极目标制订多个向总目标一步步接近的具体目标，然后慢慢执行，最后达到终极目标。

你的计划应根据不同的时间长度而有所分别，如 1 小时、1 星期、1 年、10 年。显然，考虑明年 1 年的计划与考虑今后 10 年的计划，那是有很大不同的。你能够而且应该超前计划 10 年，但是你不能想得很精细，因为不确定的因素太多了。温斯顿·丘吉尔在谈到筹划国家事务时曾经说："人总是要向前看的，但是要预见目前看不见的东西又总是困难的。"你能够而且应该计划一个小时内要做的事，你也能够很精确地制订这个计划，但是，一个小时对你当然不会有太大的影响。

你可以将自己的目标大致做如下分类：

1. 长期目标

长远目标仍然与所追求的整个生活方式密切相关——你想从事的职业类型，你是否想结婚，你向往的家庭类型，你追求的总的生活境况。设计将来应当有一些总体性的考虑，在考虑长远计划时，不必拘泥于细节，因为以后的变化太多。应该有一个全局性的计划，但又要具有一定的灵活性。

2. 中期目标

中期目标是5年左右的目标，它包括你正渴望得到的那种专门的训练和教育，你生活历程中的经验。你要能够较好地把握住这些目标，并且在实施中预见你能否达到目的，并按照情况的变化不断调整努力的方向。

3. 短期目标

短期目标指的是1个月至1年的目标。你要很现实地确定这些目标，并且能够迅速明晰地说出你是否正在实现它们。不要为自己设立不可能实现的目标。人总是希望自己有所进步，但也不能要求过高，以免达不到而挫伤信心。目标要实际，但更要不惜一切去实现。

4. 小目标

小目标指的是 1 天到 1 个月的目标。控制这些目标比控制较长远的目标容易得多。你能列出下一个星期或一个月要做的事，并且你完成计划也是大有可能的（假如你的计划是合理的）。假如你发现你的计划过大，以后要修改它。考虑到的整块时间越小，你就越能控制每一整块的时间。

与其坐而言，不如起而行

法国作家雨果说过："有些人每天早上计划好一天的工作，然后照此实行。他们是有效利用时间的人。而那些平时毫无计划，靠遇到事现打主意过日子的人，只有'混乱'二字。"

制订计划是一种很好的行为，它能有效地引导我们的行动，使我们的生活变得井井有条起来。那么，我们又该如何制订切实可行的计划呢？

在制订工作计划的过程中，我们要明确自己的工作是什么，明确每年、每季度、每月、每周、每日的工作及工作进程，并通过有条理的连续工作，来保证以正常速度执行任务。在这里，要为日常工作和下一步进行的项目编出目录，这不但是一种不可低估的时间节约措施，也是提醒我们记住某些事情的方法。

将计划付诸行动

菲尔德爵士指出："制订计划是为了达成计划，计划制订好之后，就要付诸行动去实现它。如果不化计划为行动，那么所制订的计划就失去了意义。"

实际上，制订计划相对容易，难的是付诸行动。制订计划可以坐下来用脑子去想、用笔去写，实现计划却需要扎扎实实的行动，只有行动才能化计划为现实。

计划制订好后，就要坚决地投入行动。观望、徘徊或者畏缩都会使你延误时间，以致使计划化为泡影。很多人都有过这样的经验，刚订好计划时颇有磨刀霍霍的干劲，可是过了几天后就没劲了，更别提实现计划了。

当你拟妥一项计划后，首要的步骤就是把它写在纸上，当你把计划写下来之后，最重要的一步就是立即让自己行动起来。一个真正的决定必然是有行动的，不管要行动到什么程度，打一个电话或拟一份行动方案都是可行的。只要在接下去的 10 天内每天都有持续的行动，这 10 天的行动必然会形成习惯，最终把你带向成功。

把计划转化为行动，可尝试按以下步骤进行：

1. 将没有开始行动的若干原因写下 3 条

为什么我当时没有行动？是不是当时有什么困难？回答这些问题有助于你认识未付诸行动的原因，乃是跟去做的痛苦有关，因此宁可拖延。如果你认为这跟痛苦无关的话，那么不妨再多想一想，或许是这个痛苦在你眼里微不足道，以至于你并不认为那是痛苦。

2. 写出如果你不马上改变所造成的后果

如果你再不停止吃那么多的糖分和脂肪，那么会怎么样？如果你不停止抽烟，后果会如何？如果你不打通认为应该打的电话会怎样？如果你不每天运动的话，对健康会有什么影响？2 年、3 年、4 年及 5 年后会生出什么样的毛病？如果你不改变的话，在人际关系上得付出什么样的代价？在自我形象上会付出什么代价？在钱财上会付出什么样的代价？对这些问题你要怎么回答呢？找出能使你感到痛苦的答案，那么痛苦便会成为你的朋友，帮助你改掉不能马上改变的坏习惯，以实现人生计划。

这个世界从没有捷径可走

有一个年轻人，给自己定下的目标是做一个伟大的政治家。

在这样一个和平的时代，要做一个伟大的政治家，他就应该先读大学的政治专业，或者别的文科专业，然后在分配的时候努力进入一个能够得到晋升的政府机关，然后在单位进行各个方面的努力。

而这个年轻人，在定下这个目标之后，他竟然什么都没有去做。

这时他还在读高中，成绩平平。家里人督促他学习的时候，他是这么说的："我的目标是做一个伟大的政治家，做一个伟大人物，读书做什么？"

哦，他的这个目标看来是来自于那些伟大人物的激发。奇怪的是，他到底是怎么想的呢？怎么才能达到目标？

高三的时候，他已不专心学习，似乎也不想去考大学了，只是看课外书，他看的课外书当然都是一些政治人物传记，像《林肯传》《丘吉尔传》等。除了看伟人传记，他所做的就是玩了。

他可能是想，林肯也没有读多少书呀，那些伟大人物都没有读多少书呀。

在生活中，他也开始用伟大的政治人物的眼光来看待人和事物。比如，他的妹妹和小姐妹闹矛盾了，他以领袖的口气说："你们两个，吵什么嘛！要团结，不要搞分裂；要和平，不要搞战争！"

在对待同学、家长时，他都以伟大人物的口气说话。久而久之，人人都对他敬而远之了。而他，由于沉浸在伟人梦中，不好好读书，结果当然没考上大学。

一个没受过高等教育的青年，在现在的和平年代里，有可能成为一个伟大的政治人物吗？也许有可能。但即使有，也是对那些肯上进、求进取的青年来说的，却不是他这样的青年。那么，他是个什么样的青年？

从他的表现来看，毫无疑问，他是个典型的好高骛远的人。所谓好高骛远，就是不切实际地追求过高的目标。每个人都有自己的极限，超过自己极限的事，当然是不可能做到的。叫一个从来没有念过书的人去做爱因斯坦，这可能吗？

踏实跨出你的每一步

很多人都想在生活中寻找一条成功的捷径，其实成功的捷径很简单，那就是勤于积累，脚踏实地。

很多身陷贫穷，没有取得成功的人常常都想通过买彩票、买股票等投机方法获得成功。但往往通过这种方式成功的人却没有几个。

这些人的想法和做法其实离获取成功的方法很远。那成功的捷径到底是什么呢？答案其实很简单，那就是一步一个脚印地前进。

在很久以前，泰国有个叫奈哈松的人，一心想成为一个富翁。他觉得成为富翁的捷径便是学会炼金之术。

此后他把全部的时间、金钱和精力，都用在了炼金术的实验中。不久以后他便花光了自己的全部积蓄，家中变得一贫如洗，连饭都没得吃了。妻子无奈，跑到父亲那里诉苦。她父亲决定帮女婿改掉恶习。他让奈哈松前来相见，并对他说："我已经掌握了炼金之术，只是现在还缺少一样炼金的东西……"

"快告诉我还缺少什么？"奈哈松急切地问道。

"那好吧，我可以让你知道这个秘密。我需要 3 公斤香蕉叶下的白色绒毛。这些绒毛必须是你自己种的香蕉树上的。等到收齐绒毛后，我便告诉你炼金的方法。"

奈哈松回家后立刻将已荒废多年的田地种上了香蕉。为了尽快凑齐绒毛，他除了种以前自家就有的田地外，还开垦了大量的荒地。当香蕉成熟后，他便小心地从每张香蕉叶下收集白绒毛。而他的妻子和儿女则抬着一串串香蕉到市场上去卖。就这样，10年过去了。奈哈松终于收集够了 3 公斤绒毛。这天，他一脸兴奋地拿着绒毛来到岳父的家里，向岳父讨要炼金之术。

岳父指着院中的一间房子说："现在，你把那边的房门打开看看。"

奈哈松打开了那扇门，立即看到满屋金光，竟然全是黄金，他的妻子、儿女都站在屋中。妻子告诉他，这些金子都是用他这10 年里所种的香蕉换来的。面对着满屋实实在在的黄金，奈哈松恍然大悟。

事情往往是这样的，那些心存侥幸、渴望点石成金的人往往会一无所获、双手空空；而那些看似没有多少进步的人，积累一段时间以后，就会获得成功。因此，生活中的有心人必须记住：踏实跨出你的每一步，你就能积少成多，获得成功。

只有愿意尝试，才有机会成长

有许多人没能意识到自己的潜力，过分的谨慎阻碍了他们前进的脚步。他们知道自己能干得更好，但他们从没有向前进取过。

同那些比他们成功的人相比，他们自觉不如，总是找很多的理由说服自己。他们看见了机遇，但不去抓住它们。他们看到老朋友成功了，就纳闷自己为什么不行。他们想拥有万贯家财，但就是不采取行动。

从很大程度上看，他们的惰性和忧虑是直接的。惰性指的是物体保持自身原有的运动状态的性质，不受外力作用就不会变化。惰性的原理也适用于人，也许就适用于你。要想在工作中取得很大的变化，就得下大决心、花大力气。

在面对是否采取行动的问题上，特别是当这种行动涉及到冒险时，我们会发现自己容易犹豫不决、坐失良机。在这种情况中，是传统的观点在作怪：不要轻易去尝试，不要轻易鲁莽行动，这里很可能有危险。

缺乏信心是人们常常犹豫不决的原因。我们能完全意识到我们的弱点，而怀疑就经常从这里产生。我们对一切了解得太多，所以我们生性谨慎，宁愿推迟重大的决定，有时甚至无动于衷。

怎样才能知道别人比你决心更大呢？如果你既了解自己，也了解他人，你可能不会对他们的恶习和弱点感到吃惊，他们完全有可能比你更加踌躇。问题是，你对你的一切知道得又具体又透彻，而对他人的一切却了解甚微。其实，你与"那人"可能十分相同，只要你有相同的成功机遇，你完全可以同他一决高下。

在行动中引发行动

大自然中没有任何一种事情可以自己行动，即使我们天天要用的几十种机械设备也如此。因此，每一个行动前面都有另一个行动。

如果你想调节家里的室温，你必须选择行动；如果你想让你的汽车变速，那么你必须换挡才可以。这个原理同样也适用于我们的心理，先使心理平静，才能理顺思路，发挥作用。

有一位幽默大师曾说："每天最大的困难是离开温暖的被窝走到冰冷的房间。"他说得不错，当你躺在床上认为起床是件不愉快的事时，它就真的变成一件困难的事了。就是这么简单的起床动作，即把棉被掀开，同时把脚伸到地上的自动反应，都足以击退你的恐惧。

凡成功者都不会等到精神好时才去做事，而是推动自己的精神去做事。

为了养成行动的好习惯，你可以遵照以下两点去做。

第一，用自动反应去完成简单的、烦人的杂务。

不要想它烦人的一面，什么都不想就直接投入，一眨眼就完成了。

大部分的家庭主妇都不喜欢洗碗，拿破仑·希尔的母亲也不例外。但她自己发明了一套做法来解决这个问题，以便有时间做她喜欢做的事。

她离开饭桌时便带着空盘子，在她根本没想到洗碗这个工作时，就已经开始洗碗了，几分钟就可以洗好。这种做法不是比清洗一大堆堆了很久的脏盘子更好吗？

现在就开始练习，先做一件你不喜欢的工作，在还没想到它讨厌之前就赶快做，这是处理杂务最有效的方法。

第二，将这种方法推而广之。

把这种方法应用到"设计新构想""拟订新计划""解决新问题"，以致应用到需要仔细推敲的工作上。不能等精神来推动你去做，要推动你的精神去做。

这里有个技巧，用一支铅笔和白纸去计划。铅笔是使你"全神贯注"的最好工具。潜能大师安东尼·罗宾认为，如果要从"布置豪华、设备完善的办公室"跟"铅笔与纸"中任选一项来提高工作效率的话，他宁肯选择铅笔与纸，因为用铅笔与纸可以把心思牢牢专注在一个问题上。

把你的想法写在纸上时，你的注意力就会集中在上面，你的潜能也会因此

而被发掘出来。因为我们无法一心二用，何况你在纸上写东西时，也会同时将它写在心里。如果把相关的想法同时写出来，就可以记得更久，记得更准确，这是许多实验已经证实并得出的结论。

　　一旦养成这个习惯，你的思想就会促使你行动，你的行动就会引发新的行动。

第三章

选择大于努力，少走弯路才是最快的捷径

学会选择，懂得取舍

所谓取舍，其实就是一种选择，在得到与放弃之间作出自己的抉择。我们每个人想要的东西都很多，可真正属于自己的又能有多少，或许不过是沧海一粟。

"鱼，我所欲也；熊掌，亦我所欲也。二者不可得兼，舍鱼而取熊掌者也。生，亦我所欲也；义，亦我所欲也。二者不可得兼，舍生而取义者也。"孟子通过鱼和熊掌的不可兼得，引申到生命与义之间的选择，得出的结论是，舍生取义。

虽然生活中很少有人会遇到在生命与正义之间作出选择的机会，但选择无处不在。面对生命，有时也需要抉择，在躯体的完整与生命的延续间，需要取舍；同样，面对丰富多彩的世界，会面临许多选择。比如在读书的时候，我们要面临选择学校专业。在毕业的时候要选择继续深造还是马上就业。在生活中，我们要选择恋人和朋友。到了人生的暮年，我们同样要面临各种选择，是独享晚年还是与儿女们共同度过等的问题。每当面对取与舍时，很多年轻人都会在有意无意地作着选择，因为取意味着得，舍意味着失，于是在取舍之间，我们自然而然地趋向于前者。然而，生活这门艺术并非如此简单，生活并不像一加一等于二那么一目了然，生活当中的取舍艺术，也并不是取与得、舍与失的一一对应关系。生活当中的有关取与舍的艺术，需要我们用自己的智慧和力量去实践。

当面对鱼和熊掌不能兼得的选择时，年轻人应学会放弃，当有所为，有所不为。我们失去的，会有回报，不要悲观地感慨"不可兼得"地失去，要乐观地看到"失之东隅，收之桑榆"。

仔细观察就不难发现，成功者往往有着很强烈的紧迫感，他们一旦认识到所面临的事情有价值，就会全身心地去奋斗，巧妙策划，不怕挫折，直至达到目的。

美国著名的心理学家、哲学家威廉·詹姆斯曾经说过："明智的艺术即取舍的艺术。"在很多时候，都要做到适度的取舍。如若不能很好地面对生活中各种纷繁复杂的事物，不能对这些事物进行适度的取舍，那么我们在生活中的表现就不能算得上是明智的。那些不懂取舍之道的人也不能算是生活中的大智慧者。

在人生道路上，当面对种种取与舍的选择时，我们必须认认真真地加以选择。只有合理适当地进行取舍，我们才能走上正确的人生道路，尽享人生道路上的种种乐趣。

面对机会，我们常有许多不同的选择方式。有的人会默默地接受；有的人抱持怀疑的态度，站在一旁观望；有的人则顽强得如同骡子一样，固执地不肯接受任何新的改变。而不同的选择，当然导致截然迥异的结果。许多成功的契机，起初未必能让每个人都看得到其深藏的潜力，而起初抉择的正确与否，往往便是成功与失败的分水岭。

所以，有时候，如果我们可以放弃一些固执、限制甚至是利益，我们反而可以得到更多。所以，在我们面对很多选择的时候，不要固执地去选择其中的一个，换一种角度，试着去放弃一些，效果会更好。

确立核心优势，再去忘我拼搏

选择无处不在，比如选衣服、选朋友、选伴侣、选工作、选时机、选环境……人人在选择，人人也在被选择。选择是为了"两害相衡取其轻，两利相权取其重"。选择是需要付出代价的，有时候失之毫厘，谬之千里，正所谓"一失足成千古恨"。一个人如果有时间坐下来回顾自己走过的路，或多或少都会有一些对当初选择的后悔。有人说："人生的悲剧说穿了就是选择的悲剧，随便选择将失去更好的选择。"我们姑且不论前半句话是否是事实，但就成功而言，后半句话则值得重视。

一位女孩在某名牌大学读书期间，一时冲动想当作家，她不顾家人的劝阻，执意退学回到家乡写小说。几年过去了，她写的小说没发表过一篇，最终在痛苦中精神分裂了，她烧掉了手稿离开了这个世界。

其实，人生最重要的，不在于目标怎样宏远，或者如何踌躇满志，而是善用自己的才干和能力，并且有最佳的发挥。有时候，做自己想做的事远不如做自己能做到，且最擅长的事得到的多。

有一位年轻人的父母希望自己的儿子长大后能成为一位体面的医生，这位年轻人自己也对医生这个职业很感兴趣。可是他读到高中便被计算机迷住了，心思都放在了电脑上。他的父母耐心地规劝他，希望他能用功念书，以后好风光地立足社会。可是，他却说："有朝一日我会成为医生的。"

不久，他果然不负众望，考入了一所医科大学。他虽然对做医生也很感兴趣，但无论如何努力，医学成绩总是平平，丝毫也不能引起老师的注意。反而是在电脑方面，他越做越顺手。

在第一学期，他从零售商处买来了降价处理的个人电脑，在宿舍里改装升级后卖给同学。他组装的电脑性能优良，而且价格便宜。不久，他的电脑不但在学校里走俏，而且连附近的法律事务所和许多小企业也纷纷来购买。

后来，经过认真考虑，第一个学期快要结束的时候，他把退

学的计划提了出来。父母坚决不同意，只允许他利用假期推销，并且承诺，如果一个夏季销售不好，那么，必须放弃。可是，他的电脑生意就在这个夏季突飞猛进，仅用了一个月的时间，他就完成了19万元的销售额。他的父母只得同意他退学。

这以后，他组建了自己的公司，并且公司很快就发展了起来。那年他才24岁。

他的成功至少可以告诉我们一点：选择你真正能做得好的职业，更容易获得辉煌成就。

苏联著名的心理学家索尔格纳夫认为，在发挥自己的最佳才能时，不要把"想做的"和"能做的"以及"能做得最好的"混淆在一起，而这却常常是我们最容易犯的错误。

成功者心中都有一把丈量自己的尺子，知道自己该干什么，不该干什么。比尔·盖茨曾经说过这样一句话："做自己最擅长的事。"微软公司创立时，只有比尔·盖茨和保罗·艾伦两个人，他们最大的长处是编程技术和法律经验。他俩以此成功地奠定了自己在这个产业上的坚实基础。在以后的20多年里，他们一直不改初衷，"顽固"地在软件领域耕耘，任凭信息产业和经济环境风云变幻，从来没有考虑过涉足其他行业。结果他们有了今天这样的成就。

索尔格纳夫说："每一个人不要做他想做的，或者应该做的，而要做他可能做得最好的。拿不到元帅杖，就拿枪；没有枪，就拿铁铲。如果拿铁铲拿出的名堂比拿元帅杖要强千百倍，那么，拿铁铲又何妨？"能做得最好的就是最擅长的，不选择自己最擅长的工作是愚蠢的，就相当于拿自己的短处和别人竞争，结果必然失败。每个人都有长处和不足，如果能够看清自己的长处，对其进行重点经营，则必定会给你的人生增值；相反，如果你分不清自己的长处和不足，或者误将不足当成长处去经营，则必定会使你的人生贬值。

努力的前提，是要选择正确

英国作家莎士比亚说："倘若没有理智，感情就会把我们弄得精疲力竭，为了制止感情的荒唐，所以才有智慧。"学会放弃，是一种自我调整，是人生目标的再次确立。学会放弃不是不求进取、知难而退，也不是一种圆滑的处世哲学。有的东西在你想要得到又得不到时，一味地追求只会给自己带来压力、痛苦和焦虑。这时，学会放弃是一种解脱。

两个朋友一同去参观动物园，由于动物园非常大，他们的时间有限，不可能将所有动物都参观到。他们便约定：不走回头路，每到一处路口，选择其中一个方向前进。第一个路口出现在眼前时，路标上写着一侧通往狮子园，另一侧通往老虎山。他们琢磨了一下，选择了狮子园，因为狮子是"草原之王"。又到一处路口，分别通向熊猫馆和孔雀馆，他们选择了熊猫馆，熊猫是国宝嘛……

他们一边走，一边选择，每选择一次，就放弃一次，遗憾一次。只有迅速作出选择，才能减少遗憾，得到更多的收获。

人生莫不如此。左右为难的情形会时常出现：比如面对两份同具诱惑力的工作，两个同具诱惑力的追求者。为了得到其中一个，你必须放弃另外一个。

要二十几岁的年轻人学会放弃，是要他们放弃那种不切实际的幻想和难以实现的目标，而不是放弃为之奋斗的过程和努力；是放弃那种毫无意义的拼争和没有价值的索取，而不是丧失奋斗的动力和生命的活力；是放弃那种金钱地位的搏杀和奢侈生活的追求，而不是失去对美好生活的向往和追求。

也许放弃是痛苦的，甚至是无奈的选择。但是若干年后，当我们回首那段往事时，我们会为当时正确的选择感到自豪，感到无愧于人生。

放弃并不是我们的目的，放弃是为了更好地得到，一定不能忘记这一点。当你准备放弃的时候，要想清楚是自己为了放弃而放弃，还是为了更好地得到而放弃。当我们真正学会放弃时，会发现那才是一种心理意义上的超越，是一种真正的战胜自我的强者姿态。

没有机会，就努力创造机会

成功不是等来的，而是靠自己创造的。人们常说，机遇偏爱有准备的头脑。在生活中，我们要时刻让自己站在前排，主动一点，机会来了要抓住，这样成功的几率会大得多。

战国末期，秦国急攻赵国，赵王情急之中，请平原君去楚国，说服楚国合纵抗秦。平原君准备挑选门客中有勇有谋、文武双全的20人陪同前往。

他有3000多门客，要挑选20个本来应该不算困难。可是这些人，文是文的，武是武的，要文武全才真不易找。平原君挑来选去，挑了19个人。他叹道："我费了几十年的功夫，养了3000多人，如今连20个人都挑不出来，真是太令人失望了。"那些平日就知道吃饭的门客，听了非常羞愧。

这时有个坐在末位的门客站起来，向平原君自荐说："我听说你将要到楚国去订合纵之约，打算在门客中挑选20人陪同前往。现在还少一人，不知道我毛遂能不能充个数？"平原君问："先生到我门下有几年了？"毛遂说："3年了。"平原君说："贤能的人生活在世上，好比锥子装在口袋里，它的尖端马上就会显露出来。先生来到我门下3年，左右的人没有称颂你的，我也从未听到过称颂你的话，这说明先生你并没有什么长处。先生既然没有才能，还是留下来吧。"毛遂说："请你将我装在口袋里。如果我毛遂早点被装在口袋里，那么锥柄都会露出来，而不仅仅是它的尖端露出来而已。"平原君最终同意了毛遂同行。

后面的事情大家也都知道，说服楚王的还是毛遂，其他19人只是陪衬罢了。

平原君订立了合纵盟约，返回到赵国，说："我不敢再品评士人了。我品评的士人多说有上千，少说也有几百，自以为没有埋没天下的贤能之人，这次却将毛先生漏掉了。毛先生一到楚国，便使得赵国的地位比九鼎大钟还重要。毛先生的三寸之舌，强于百万之众的军队。我再也不敢品评士人了。"于是待毛遂为上宾。

如果毛遂不向平原君自荐，也许一生只能做一个默默无闻的门客，一身的才学都将毫无用武之地。正是他的大胆争取，为自己创造了机会，才得以辅佐平原君出使其他国家，做出了名留青史的事业。

南宋时的虞允文本来是一个文官，是个从没带过兵打过仗的书生。但他临危受命，义不容辞，居然指挥宋军挫败强大的金军，取得采石矶大捷。

1161年，海陵王调集了40万兵马，兵分4路，大举南侵，妄图一举消灭南宋。10月，海陵王已率领大军进抵长江北岸的和州(今安徽和县)。这时，宋将王权已经被罢官，新将领还没有到任，叶义问也逃到了建康（今江苏南京）。没有统帅的将士们零零散散地坐在路旁，士气十分低沉。

中书舍人虞允文正好到采石矶犒军，看到将士们垂头丧气，马鞍、盔甲扔在一边，就着急地问："现在大敌当前，你们还坐在这儿等什么？"

将士们抬头一看，见他斯斯文文，是个文官，就爱理不理地说："将官们都溜之大吉，不知去向，我们还打什么仗？"

虞允文虽是个文官，但骨头还是很硬的，属朝中坚定的抗战派。他召集众人说："我是奉朝廷之命到这里来慰劳大家的。你们只要为国杀敌，我一定上报朝廷，论功行赏。我虽然是一介书生，也要拿着马鞭跟随在你们的身后，看诸位杀敌立功！"

将士们见他慷慨激昂，顿时振作起来，他们纷纷表态说："我们也吃够了金兵的苦，谁愿意当亡国奴呢？现在有您出来做主，我们一定拼命杀敌，为国立功！"

这时候，虞允文手下的幕僚却在一旁向他使眼色，悄悄地对他说："别人把局势弄得一团糟，你何苦做替罪羊，来指挥这场战争呢？"虞允文听了，气愤地说："不要说了！国家已经危急到了这种地步，我怎能坐视不管呢？"

虞允文立即视察了江边的形势，对防务作了周密的部署。他下令步兵、骑兵都整好队伍，排开阵势；又把兵船分为五队，两队停泊在东西两侧岸边，另外两队隐蔽在港汊里做后备，最精锐的一支驻在长江中流，内设奇兵，准备冲撞敌舰。

这边刚部署完毕，北岸的金兵就擂响战鼓，呐喊着冲了过来。转眼间，70多艘战船已经冲到了南岸。宋兵为了避开金兵凌厉的势头，稍稍后退了一些。虞允文见此情形，便亲切地拍着统制将领时俊的后背，和颜悦色地对他说："久闻将军胆识过人，远近闻名。今天怎么像小儿女一样站在船后，这样只怕你一世的威名都要扫地了。"

时俊受到主将的激励，热血沸腾，立即跳上船头，手拿双刀，与金人拼命厮杀起来。士兵们一看主帅和将领都如此英勇，也争先恐后地上前与金兵搏斗。

最终，这场采石矶大战以宋军的全面胜利而告终。海陵王也在退兵途中被杀。

虞允文一介书生却立了赫赫战功，正是因为危难时刻，他勇担重任，才会激发自己如此大的潜能。所以说，做人不要消极等待机会，要让自己站在前排，时刻处于起跑的状态。

🌿 实力是抓住机遇的手

勇猛的老鹰，通常都把它尖利的爪牙露在外面；精明的生意人，首先用漂亮的包装吸引顾客注意，以便待价而沽。威廉·温特尔说："自我表现是人类天性中最主要的因素。"人类喜欢表现自己就像孔雀喜欢炫耀自己美丽的羽毛一样正常。

然而，有时人们过于注重谦虚的品质，信奉"酒香不怕巷子深"，把"含而不露"看作一种美德，自己的优点、成绩和才能，自己不能说，要由别人来发现，相信是金子总有发光的那一天。总而言之一句话，不敢表现自己，要被动等待伯乐来发现。

如今是快节奏、高效率的时代，需要的是干脆利落、敢断敢行；时间那么宝贵，人们忍受不了那种吞吞吐吐、羞羞答答的"谦逊"，不要听那种婆婆妈妈、"弯弯绕"式的"自谦之辞"。你行，就来干；不行，就让开。故作姿态的"谦虚"，是最招人烦的。

在现实社会中，精明的企业家招聘员工、聪明的领导者挑选下属，并不是看你是否言辞周到、谦恭有礼；而是首先看你有多少真才实学，你有什么长处，有哪些才能，想做什么，能做什么。

小赵是一名打字员，初就新职时，由于技术不够纯熟，经常出错，常受到上司的批评。但他很想将工作做好，就利用休息时间练习打字。经过一段时间的练习，他的打字水平提高得很快，客户很满意，订单也多了不少。这时小赵采取了很积极的方法，他没有静静地等待上司来发现，而是自己制作了一个工作单，上面有每天的打字量、出错率、客户满意度。

然后，他把这份工作单呈给了上司，并解释说："我以前打字出错率很高，幸亏您的批评，我才有了进步。想来，我该多谢您！"

上司看了小赵的工作单后很高兴，还让公司的其他员工向小赵学习，每个人都要填写工作单，以便能够发现自己的进步。

为了不埋没自己，就要像小赵那样做，帮助上司发现自己的成绩，而且要有事实作为依据。

许多人总是掌握不好表现自己的度，把一腔热忱演绎得像是刻意做作。热忱绝不等于刻意表现。在需要关心的时候关心他人，在应当拼搏时洒上一把汗，真诚自然，谁都会赞许。但是，刻意的自我表现就会使热忱变得虚伪，自然变得做作，最终的效果还不如不表现。

善于自我表现的人常常既"表现"了自己，又未露声色。他们与同事进行交谈时多用"我们"而很少用"我"，因为后者给人以距离感，而前者则使人觉得较亲切。要知道"我们"代表着"也有你一份"，往往使人产生一种"参与感"，还会在不知不觉中把意见相异的人划为同一立场，并按照自己的意图影响他人。

真正的展示教养与才华的自我表现绝对无可厚非，而刻意地自我表现则是愚蠢的。

伸手越多，机会越多

在这个世界上，20% 的人拥有 80% 的财富；在任何一家企业或其他组织，20% 的人控制 80% 的资源。能够成功跨过这条"二八线"的人，有一个明显的共同特点——积极主动。他们不是"坐店经营"，等别人"上门采购"；而是主动上门推销，寻找施展才能的机会。

当你刚走进火车的车箱，见到满车箱都是人时，你不要着急，不要认为这次旅行就不会有座位了，只要你耐心地从车头走到车尾，你就很可能会找到座位。

人生中的机会也同找座位一样，你伸手去抓它，不一定每次都能抓住。但是，你伸手的次数越多，逮住它的可能性越大。

一位日本学生，初到法国留学时，还不会说法语。刚住进留学生公寓楼的那一天，他因有事去了管理员室，屋里却没人。这时，电话响了，他习惯性地抓起电话接听，忘了自己不会说法语。

幸好对方说的是英语，他完全能听懂。那是一位美国外交官，说自己将离开法国去日本赴任，希望找一个日本人教授日语，问他能不能帮忙。原来外交官将他当成了宿舍管理员，他马上答应下来。通过这位外交官，他走进了法国的上流社会，结识了许多有价值的朋友，得到了更多的机会。

这位日本留学生也许不止一次接这种看似不相干的电话，但一次机会就足以补偿他积极主动的好习惯。

一个缺乏积极主动性的人，总是对不相干的事不闻不问，对不相干的人爱理不理。但是，按照辩证的观点，事物都是相互联系的，世上没有不相干的事。一只蝴蝶振动一下翅膀，可能引发千里之外的一场暴雨。这就是著名的"蝴蝶效应"。许多你难以预知、难以察觉的事在影响着你，如果你以"不相干"的态度漠视它们，机会就跟你不相干了。

当机会擦身而过时，大多数人只是叹一声气，看着它远离自己而去，却没有想到，如果紧追一步，也许能抓住这快要失去的好运气呢！

没有什么比自己埋没自己更可悲的了，当你抱怨自己不能被伯乐所发现，关在屋子里生闷气总不会有任何好处。积极地寻求出路，适时地表现自己才是你应该做的。

有人虽学富五车，却没有胆量去推销自己，还振振有词地说什么是金子迟早会发光的。这不过是自己欺骗自己罢了！金子被埋没在泥土中，也许度过一万年黯淡的时光后，还能够被人发现而大放光芒；人生匆匆，比不了金子长久，但生命却比金子昂贵；因此你同金子比不起，你没有时间等待别人来挖掘你，只有自己努力从"泥土"中跳出来，表现自我，才能照亮自己的人生之路。

🌿 为你的才能找到合适的买主

鲁国有一户姓施的人，他有两个儿子，大儿子好学，二儿子好战。好学的儿子用自己的学问到齐侯那里去游说，齐侯就接纳了他，让他做公子们的老师。好战的儿子到了楚国，用自己所学的东西去向楚王游说，楚王很高兴，让他做了管理军事的官吏。两个儿子得来的俸禄使他一家人衣食富足，爵位使他父母荣华。

施家有一位邻居，姓孟，也有两个儿子，所学的东西也与施家两个儿子一样，一个好学问，一个好作战。但是他们家却很贫困。在向施家请教方法后便也决定照着做。

孟家大儿来到了秦国，用自己所学的儒学向秦王游说。秦王听了却说："当今各国用武力相互争斗，所努力追求的不过是足食足兵而已。如果用仁义治理我的国家，这不是自取灭亡吗？你用自己的那套理论来蒙蔽我，胆子可真不小啊！来人！"于是命令手下人将他治罪。

二儿子用他所学的去向卫侯游说，宣传好战思想。卫侯说："我们国家十分弱小，夹在各个大国之中。面对大国我唯唯诺诺，面对小国我极力安抚，这样才求得今日的平安。如果用战争去对待各个国家，这不是飞蛾扑火吗？如果让你安然离开，你就会到别国去游说，别国如果采纳了你的主意，就会来攻打我，我们的祸害就来了。"于是命令手下人砍断他的脚，把他送回国去。

孟氏一家人求福得祸，痛哭不已，于是来到施家，责备施家骗了自己。施家的人说："一个人，行为合于时宜就会得福，违背时宜就会招祸。你们家所学的和我们家一模一样，结果却相反，这是违反时宜的缘故，并不是你的行为荒谬呀！天下的道理没有永久不变的，以前所用的，现在或许要丢弃；现在抛弃的，将来或许要用它。这种用与不用，没有永恒的是非。巧钻空子，投合时宜，如果一成不变，即便像孔丘那样博学，像吕尚那样善于计谋，也要落得个穷困潦倒的下场。"

同样一种理论、一种方法，在甲地行得通，在乙地却行不通，这是不奇怪的。因为甲乙两地情况不同。齐国强盛，无人敢欺，它急需的是国内治理，是内在实力，因而仁义道德的治国之术正合齐侯的口味。楚国志在拓展疆土，臣服列国，称雄天下，欲与秦一争高低，军力的扩张正是楚王梦寐以求的。

施氏二子怀揣学识才能，各自选准了对象，选准了空间，投其所好，因而，都有好结果。孟氏二子就不够聪明了，到一心想要以武力统一天下的秦国兜售仁义道德，让其放下武器讲仁义，岂不是自讨苦吃，自寻没趣？同样，到在夹缝中苟且偷安、勉强得以安身的卫国推销强兵之策，把卫国推向水火，当然也得不到欢迎。

孟氏的两个儿子不是没有才能，而是没有分析形势，结果拜错了庙门。他们的失败在于没有为自己的才能找到合适的买主。

该出手时绝不犹豫

《致富时代》杂志上，曾刊登过这样一个故事。有一个自称"只要能赚钱的生意都做"的年轻人，在一次偶然的机会，听人说市民缺乏便宜的塑料袋装垃圾。他立即就进行了市场调查，通过认真预测，认为有利可图，马上着手行动，很快把价廉物美的塑料袋推向市场。结果，靠那条别人看来一文不值的"垃圾袋"的信息，两星期内，这位小伙子就赚了4万块。

相反，一位智商一流、执有大学学历的翩翩才子决心"下海"做生意。

有朋友建议他炒股票，他豪情冲天，但去办股东卡时，他又犹豫道："炒股有风险啊，等等看。"

又有朋友建议他到夜校兼职讲课，他很有兴趣，但快到上课了，他又犹豫了："讲一堂课，才20块钱，没有什么意思。"

他很有天分，却一直在犹豫中度过。两三年了，一直没有"下"过海，碌碌无为。

一天，这位"犹豫先生"到乡间探亲，路过一片苹果园，望见满眼都是长势茁壮的苹果树。禁不住感叹道："上帝赐予了一块多么肥沃的土地啊！"种树人一听，对他说："那你就来看看上帝怎样在这里耕耘吧。"

有些人不是没有成功立业的机遇，只因不善于抓住机遇，所以最终错失机遇。他们做人好像永远不能自主，非要有人在旁边扶持不可，即使遇到一点小事，也得东奔西走地去和亲友邻人商量，同时脑子里更是胡思乱想，弄得自己一刻不宁。于是愈商量，愈拿不定主意；愈东猜西想，愈是糊涂，就愈弄得毫无结果，不知所终。

没有判断力的人，往往使一件事情无法开场，即使开了场，也无法进行。他们的一生，大半都消耗在没有主见的怀疑之中，即使给这种人成功的机遇，他们也很难达到成功的目的。

一个成功者，应该具有当机立断、把握机遇的能力。他们只要自己把事情搞清楚，计划周密，就不再怀疑，立刻勇敢果断地行事。

因此，任何事情只要一到他们手里，往往能够大获成功。

在行动前，很多人提心吊胆，犹豫不决。在这种情况下，首先你要问自己："我害怕什么？为什么我总是这样犹豫不决，抓不住机会？"

在成功之路上奔跑的人，如果能在机遇来临之前就能识别它，在它消逝之前就果断采取行动抓住它，这样，幸运之神就来到你的面前了。

当机立断，将它抓获，以免转瞬即逝，或是日久生变。看来，握住机遇，眼力和勇气是不可缺少的。

机遇是一位神奇的、充满灵性的，但性格怪僻的天使。它对每一个人都是公平的，但绝不会无缘无故地降临。只有经过反复尝试，多方出击，才能寻觅到它。

一个人碰到一个神仙，这个神仙告诉他说，有大事要发生在他身上了，他会有机会得到很多的财富，在社会上获得卓越的地位，并且娶到一个漂亮的妻子。

这个人终其一生都在等待这个奇异的承诺，可是什么事也没发生。这个人穷困地度过了他的一生，最后孤独地老死了。当他去了西天，他又看见了那个神仙，他对神仙说："你说过要给我财富、很高的社会地位和漂亮的妻子，我等了一辈子，却什么也没有。"

神仙回答他："我没说过那种话。我只承诺过要给你机会得到财富、一个受人尊重的社会地位和一个漂亮的妻子，可是你让这些从你身边溜走了。"

这个人迷惑了，他说："我不明白你的意思。"神仙回答道："你记得你曾经有一次想到一个好点子，可是你没有行动，因为你怕失败而不敢去尝试。"这个人点点头。

神仙继续说："因为你没有行动，这个点子几年以后就给了另外一个人，那个人一点也不害怕地去做了，你可能记得那个人，他就是后来变成全国最有钱的那个人。"

"还有，你应该还记得，有一次发生了大地震，城里大半的房子都毁了，好几千人被困在倒塌的房子里，你有机会去帮忙拯救那些存活的人，可是你怕小偷会趁你不在家的时候，到你家里去偷东西，你以此作为借口，故意忽视那些需要你帮助的人，而只是守着自己的房子。"

这个人不好意思地点点头。

神仙说："那是你去拯救别人的好机会，而那个机会可以使你在城里得到尊崇和荣耀啊！"

"还有，"神仙继续说，"你记不记得有一个头发乌黑的漂亮女子，你曾经非常强烈地被她吸引，你从来不曾这么喜欢过一个女人，之后也没有再碰到过像她这么好的女人。可是你想她不可能会喜欢你，更不可能会答应跟你结婚，你因为害怕被拒绝，就让她从你身旁溜走了。"这个人又点点头，可是这次他流下了眼泪。

神仙说："我的朋友啊，就是她！她本来该是你的妻子，你们会有好几个可爱的小孩，而且跟她在一起，你的人生将会有许许多多的快乐。"

在通往成功的道路上，每一次机会都会轻轻地敲你的门。不要等待机会为你开门，因为门栓在你自己这一面。机会也不会跑过来说"你好"，它只是告诉你"站起来，向前走"。知难而退，优柔寡断，缺乏一往无前的勇气，这便是人生最大的难题。

要善于发现机会。很多的机会好像蒙尘的珍珠，让人无法一眼看清它华丽珍贵的本质。踏实的人并不是一味等待的人。要学会为机会拭去障眼的灰尘。

要善于把握机会。没有一种机会可以让你看到未来的成败，人生的妙处也在于此。不通过拼搏得到的成功就像一开始就知道真正凶手的悬案电影般索然无味。选择一个机会，不可否认有失败的可能。将机会和自己的能力对比，合适的紧紧抓住，不合适的放弃。用明智的态度对待机会，也使用明智的态度对待人生。

不要为自己找借口了，诸如别人成功是因为抓住了机遇，而我没有机遇，等等。

这些都是你维持现状的理由，其实根本原因是你根本没有什么目标，没有勇气，你是胆小鬼，你根本不敢迈出成功的第一步，你只知道成功不会属于你。

如果一生只求平稳，从不放开自己去追逐更高的目标，从不展翅高飞，那么人生便失去了意义。

成功的将军总是拒绝人们画出的分界线，他们向传统的一切提出挑战。他们利用自己的想象力，打破旧的模式，时常让自己的信心得到升华。巴顿曾对自己的下属说："去做一件事，先经过估测再去冒险，那同莽撞蛮干是两码事。"

这是一条生活准则，从你停止把握机会的那一刻起，你就开始死亡了。如果在商业活动中你总是毫无变化地做相同的事，那你就会破产。如果我们的行为同我们的祖先一样，那么进化就会停滞不前。世界会与你擦肩而过——它只为那些不断超越现状的人打开通向生活的大门。

人对于改变，多多少少会有一种莫名的紧张和不安，即使是面临代表进步的改变也会这样，这就是害怕冒风险造成的。

但丁在《神曲》中描述自己在其导师——古罗马诗人维吉尔的引导下，游历了惨烈的九层地狱后来到炼狱，一个魂灵呼喊他，他便转过身去观望。这时导师维吉尔这样告诉他："为什么你的精神分散？为什么你的脚步放慢？人家的窃窃私语与你何干？走你的路，让人们去说吧！要像一座卓立的塔，绝不因暴风雨而倾斜。"

克服犹豫不决的方法是，先"排演"一场比你要面对的更复杂的战斗。如果手上有棘手活而自己又犹豫不决，不妨挑件更难的事先做。生活挑战你的事情，你定可以用来挑战自己。这样，你就可以自己开辟一条成功之路。成功的真谛是：对自己越苛刻，生活对你越宽容；对自己越宽容，生活对你越苛刻。

只要你认准了路，确立好人生的目标，就永不回头，"该出手时就出手"，向着目标，心无旁骛地前进，相信你一定会到达成功的彼岸。

第四章

学会变通，蛮干只是
在浪费汗水

会努力，才会有未来

"一根筋"让你的努力得不偿失

　　生活中，我们不可能总是一帆风顺。当一条路已经走不通时，如果还继续坚持，那就会走入死胡同。此时，积极思考、大胆开拓新的道路，将会给你带来意想不到的成功与收获。物质和知识的贫穷不是最可怕的，最可怕的是想象力和创造力的贫穷。时代在变化，如果你能够随着时代的发展而发展，寻找多条通往成功的道路，你就会永远立于不败之地。

　　在现实中，许多问题是很多人都遇到过的，所以我们习惯按照既定的方法或常规的思路去解决。虽然经验能帮助我们省去许多麻烦，但是同样也会让我们走入一种思维定式，让我们忽略了许多能解决问题的方法，甚至有的方法会更快更好。许多情况下，解决问题的方法并非只有一种，就如同通往罗马的路不只一条一样。我们没有找到另一条路，是因为我们尚未发现它，而并非它不存在。

　　物理学家甲、工程学家乙和画家丙三个人讨论谁的智商高。他们互不服气，最后决定通过一场比赛来评判三人的智力水平。

　　主考官把他们领到一座塔下，给了他们每人一只气压表，让他们依靠气压表得到这座塔的高度。规则是：只要达到目的，什么方法都可以，创造性最强的为胜。

　　比试的这三人，职业不同，知识结构也不同，各人用的方法自然也各不相同。

　　乙尤其高兴，也觉得这对他来说再简单不过了，于是他很快

站出来，在塔底测量了大气气压，登上塔顶又测量了一次气压，得到塔底和塔顶气压的差值，再根据每升高12米气压下降1毫米汞柱的公式，计算出塔的高度。他自己觉得，这是一份最准确的答卷。

甲不慌不忙地登上塔顶，探出身来，看着手表的秒针，轻轻松手让气压表自由落下，准确记录了气压表落到地面所需的时间，再根据自由落体公式，算出塔的高度。他很得意，这个方法很不错，所得结论与塔的实际高度不会相差太远。

最后轮到丙，这可难住他了。他既没有甲的学识，又没有乙的经验，科学办法他拿不出来，眼前几乎是一个"绝境"。不过，他很镇定。没有科学条件是劣势，但没有思维定式则是优势，这就为他提供了更大的选择空间。丙想，没有正路就走偏路，反正能达到目的就是胜利。他发挥想象力，对各种可能的方法搜寻了一番，禁不住笑了起来，因为办法太简单了：他将气压表送给看守宝塔的人——作为交换条件，让守塔人到储藏间把塔的设计图找出来。就这样，画家得到了图纸，拂去设计图上的灰尘，很快得到了塔的精确高度。

比赛的结果可想而知，自然是画家丙获得了最后的胜利。

画家虽然没有物理学方面的知识，也没有工程学方面的知识，但他却能在无计可施的情况下，将目光投向图纸。

"条条大路通罗马"，没有什么问题的解决方法是唯一的。如果此路不通，那么可以适时地转换思路和方法，往往能得到意想不到的效果。

　　那些胸怀抱负、渴望成功的人，都会为他们的人生做一番规划。他们制订详细的步骤、严谨的计划，坚持按照计划努力，并相信只有这样才能确保成功。当他们在实施计划的过程中遇到挫折或不可避免的变化时，就会像很多书籍所鼓励的那样：坚持！再坚持！却不会发挥自己的想象力和创造力，开辟另一条通往成功的道路。在他们一再遭受挫折与失败后，不禁心灰意冷，沮丧失望，哀叹时运的不济、命运的不公。他们不知道，通向成功的路不只一条。

只为成功找方法，不为问题找借口

　　顾凯在担任某缝纫机有限公司销售经理期间，曾面临一种极为尴尬的情况：该公司的财务发生了困难。这件事被销售人员知道了，并因此失去了工作的热忱，销售量开始下跌。后来情况更为严重，销售部门不得不召集全体销售员开一次大会，顾凯主持了这次会议。

　　首先，他请手下最佳的几位销售员站起来，要他们说明销售量为何会下跌。这些被叫到名字的销售员一一站起来以后，每个人都有一段令人震惊的悲惨故事要向大家倾诉：商业不景气、资金缺少、物价上涨等。

　　当第5个销售员开始列举使他无法完成销售配额的种种困难时，顾凯突然跳到一张桌子上，高举双手，要求大家肃静。然后，他说道："大会暂停 10 分钟，让我把我的皮鞋擦亮。"

然后，他令坐在附近的一名小工友把他的擦鞋工具箱拿来，并要求这名工友把他的皮鞋擦亮，而他就站在桌子上不动。

在场的销售员都惊呆了，有些人以为顾凯发疯了，人们开始窃窃私语。只见那位小工友先擦亮他的第一只鞋子，然后又擦另一只鞋子，他不慌不忙地擦着，表现出第一流的擦鞋技巧。

皮鞋擦亮之后，顾凯给了小工友 1 元钱，然后对所有的销售员说："我希望你们每个人，好好看看这个小工友。他拥有在我们整个公司擦鞋的特权。他的前任年纪要大得多，尽管公司每周补贴他 200 元的薪水，而且公司里有数千名员工，他仍然无法从这个公司赚取足以维持他生活的费用。可是这位小工友不仅不需要公司补贴薪水，还可以赚到相当不错的收入。他和他的前任的工作环境和工作的对象也完全相同。现在我问你们一个问题，那个前任拉不到更多的生意，是谁的错？是他的错，还是顾客的错？"

那些推销员不约而同地大声说："当然是那个前任的错。"

"正是如此！"顾凯回答说，"你们现在推销缝纫机和一年前的情况完全相同：同样的地区、同样的对象以及同样的商业条件。但是，你们的销售成绩却比不上一年前。这是谁的错？是你们的错，还是顾客的错？"

同样又传来如雷般的回答："当然，是我们的错。"

"我很高兴，你们能坦率地承认自己的错误。"顾凯继续说，"你们因为听到公司财务发生困难的消息，而影响了工作热情。现在，只要你们回到自己的销售地区，并保证在 30 天内，每人卖出 5 台缝纫机，那公司就不会再发生什么财务危机了。你们愿意这样做吗？"

大家都说"愿意"，后来果然也办到了。那些他们曾强调的种种借口，如商业不景气、资金缺少、物价上涨等，统统消失了。

卓越的人必定是重视找方法的人。在他们的世界里不存在借口这个字眼，他们相信凡事必有方法去解决。事实也一再证明，看似极其困难的事情，只要用心寻找方法，必定会成功。真正杰出的人只为成功找方法，不为问题找借口，因为他们懂得，寻找借口，只会使问题变得更棘手、更难以解决。

追梦路上得靠变通，而不仅仅是一腔热血

从哲学的角度来讲，唯一不变的东西是变化本身。我们生活在一个瞬息万变的世界里，应当学会适应变化。尤其是职场中人，在竞争日益激烈的今天，要培养以变化应万变的理念，勇于面对变化带来的困难，才能做到卓越和高效。

在一次培训课上，企业界的精英们正襟危坐，等着听管理教

授关于企业运营的讲座。门开了，教授走进来，矮胖的身材、圆圆的脸，左手提着个大提包，右手擎着个圆鼓鼓的气球。精英们很奇怪，但还是有人立即拿出笔和本子，准备记下教授精辟的分析和坦诚的忠告。

"噢，不，不，你们不用记，只要用眼睛看就足够了，我的报告非常简单。"教授说道。

教授从包里拿出一只开口很小的瓶子放在桌子上，然后指着气球对大家说："谁能告诉我怎样把这只气球装到瓶子里去？当然，你不能这样，嘭！"教授滑稽地做了个气球爆炸的姿势。

众人面面相觑，都不知教授葫芦里卖的什么药，终于，一位精明的女士说："我想，也许可以改变它的形状……"

"改变它的形状？嗯，很好，你可以为我们演示一下吗？"

"当然。"女士走到台上，拿起气球小心翼翼地捏弄。她想利用其柔软可塑的特点，把气球一点点塞到瓶子里。但这远远不像她想的那么简单，很快她发现自己的努力是徒劳的，于是她放下手里的气球，说道："很遗憾，我承认我的想法行不通。"

"还有人要试试吗？"

无人响应。

"那么好吧，我来试一下。"教授说道。他拿起气球，三下两下便解开气球嘴上的绳子，"嗞"的一声，气球变成了一个软耷耷的小袋子。

教授把这个小袋子塞到瓶子里，只留下吹气的口儿在外面，然后用嘴巴衔住，用力吹气。很快，气球鼓起来，胀满在瓶子里，教授再用绳子把气球的嘴儿给扎紧。"瞧，我改变了一下方法，问题迎刃而解了。"教授露出了满意的笑容。

教授转过身，拿起笔在写字板上写了个大大的"变"字，说道："当你遇到一个难题，解决它很困难时，那么你可以改变一下你的方法。"他指着自己的脑袋，"思想的改变，现在你们知道它有多么重要了。这就是我今天要说的。"

有句话这样说："只在河滩上沉思，永远得不到珍珠。"所以，要想得到珍珠一定要运用方法，而方法总是在变化中产生，尽管此种变化也可能蕴藏着一种危机，但没有危机也就没有变化得出的方法。

身处职场，你只有在不断的变化中努力寻求解决问题的办法，才能最大限度地引爆自我，做出超人的成绩。

方法不对，所有努力都可能白费

当你驾车行驶在路上，眼看就要到达目的地了，这时车前突然出现一块警示牌，上书4个大字："此路不通！"这时你会怎么办？

有人选择仍走这条路，大有不撞南墙不回头之势。结果可想而知，已言明"此路不通"，那个人只能在碰了钉子后灰溜溜地调转车头返回。这种人在工作中常常因"一根筋"思想而多次碰壁，空耗了时间和精力，却无法将工作效率提高一丁点，结果做了许多无用功。

有人选择停车观望，不再向前走，因为"此路不通"，却也不调头，或者是认为自己已经走了这么远，再回头心有不甘且尚存侥幸心理，若我走了此路又通了岂不亏了；或者是想如果回头了其他的路也不通怎么办？结果停车良久也未能前进一步。这种人在工作中常常会因懦弱和优柔寡断而丧失机会，业绩没有进展不说，还会留下无尽的遗憾。

还有另一类人，他们会毫不犹豫地调转车头，去寻找另外一条路。也许会再次碰壁，但他们仍会不断地进行尝试，直到找到一条可以到达目的地的路。这种人是工作中真正的勇者与智者，他们懂得变通，直到寻找到解决问题的办法，并且往往能够取得不错的业绩。

"此路不通"就换条路，"此法不行"就换方法，应该成为每一个人的生活理念。

A地由于一些工厂排放污水，使很多河流污染严重，以至于下游居民的正常生活受到了威胁，环保部门每天都要接待数十位满腹牢骚的居民，于是联合有关当局决定寻找解决问题的办法。

他们考虑对排污工厂进行罚款，但罚款之后污水仍会排到河流中，不能从根本上解决问题。这条路，行不通。

有人建议立法强令排污工厂在厂内设置污水处理设备。本

会努力，才会有未来 HUI NULI CAIHUI YOU WEILAI

以为问题可以得到彻底解决，但在法令颁布之后发现污水仍不断地排到河流中。而且，有些工厂为了掩人耳目，对排污管道乔装打扮，从外面看不到破绽，可污水却一刻不停地在流。这条路，仍行不通。

之后，当地有关部门立刻转变方法，采用著名思维学家德·波诺提出的设想：立一项法律——工厂的水源输入口，必须建立在它自身污水输出口的下游。

看起来是个匪夷所思的想法，经事实证明却是个好方法。它能够有效地促使工厂进行自律：假如自己排出的是污水，输入的也将是污水，这样一来，能不采取措施净化输出的污水吗？

"此路不通就换方法"，正是遵循了这个信条，才最终找到了解决问题的办法。

一个真正卓越的人，必是一个注重寻找方法的人。当他发现一条路不通或太挤时，能够及时转换思路，改变方法，寻找一条更为通畅的路。

抓住问题的关键点，好钢用在刀刃上

新加坡著名作家尤今有这样一次经历：当他还是一名记者时，一次，他托一位同事代买圆珠笔，并再三叮嘱他："不要黑色的，记住，我不喜欢黑色，暗暗沉沉，肃肃杀杀。千万不要忘记呀，12支，全部不要黑色。"第二天，同事把那一打笔交给他时，他差点昏过去：12支，全是黑色的。

他的同事却振振有词地反驳："你一再强调黑色的、黑色的，忙了一天，昏沉沉地走进商场时，脑子里印象最深的两个词是：12支，黑色。于是我就一心一意地只找黑色的买了。"其实，只要言简意赅地说"请为我买12支蓝色的笔"，相信同事就不会买错了。从此以后，尤今无论说话、撰文，总是直入核心，直切要害，不去兜无谓的圈子。

由此可见，无论是工作、学习还是处理生活中的问题，都要讲究方法。只有抓住关键问题，切中问题的要害，才能使我们的工作和学习事半功倍。

有一家核电厂在运营过程中遇到了严重的技术问题，导致了整个核电厂生产效率的降低。核电厂的工程师虽然尽了最大的努力，但还是没能找到问题所在。于是，他们请来了一位顶尖的核电厂建设与工程技术顾问，看看他是否能够确定问题的所在。顾问穿上白大褂，带上写字板，就去工作了。在接下来的两天的时间里，他四处走动，在控制室里查看数百个仪表、仪器，记好笔记，并且进行计算。

临离开前顾问从衣兜里掏出笔，爬上梯子，在其中一个仪表上画了一个大大的"×"。"这就是问题所在。"他解释说，"把连接这个仪表的设备修理、更换好，问题就解决了。"顾问走后，工程师们把那个装置拆开，发现里面确实存在问题。故障排除后，电厂完全恢复了发电能力。

大约一周之后，电厂经理收到了顾问寄来的一张1万美元的"服务报酬"账单。电厂经理对账单上的数目感到十分吃惊。尽管这个设备价值数十亿美元，并且由于机器的故障损失数额巨大，但是以电厂经理之见，顾问来到这里，只是到各处转了两天，然后在一个仪表上画了一个"×"就回去了。对于这么一项简单的工作收费1万美元似乎太高了。

于是，电厂经理给顾问回信说："我们已经收到了您的账单。能否请您将收费明细详细地逐项分列出来？好像您所做的全部工作只是在一个仪表上画了一个'×'，1万美元相对于这个工作量似乎是比较高的价格。"

过了几天，电厂经理收到顾问寄来的一份新的清单，上面写道："在仪表上画'×'：1美元；查找在哪一个仪表上画'×'：9999美元。"

这个简单的故事向我们揭示了一个深刻的道理：一个人，如果想在生活中获得成功、成就和幸福，一条最重要的定律——就是必须知道其生活中的每一个阶段的关键点何在，这是我们成就每一件事情的至关重要的决定因素。从重点问题突破，是高效能人士思考的习惯之一，如果一个人没有重点的思考，就抓不住事物的关键。那么，他做事的效率必然会十分低下。相反，如果他抓住了主要矛盾，解决问题就变得容易多了。

没有"万金油"的思路，生搬硬套只能失败

在牌桌上"按牌理出牌"，输赢的幅度或许不会太大，赢也赢得不痛不痒，输也不会输得完全彻底。其实"牌理"即规律，违背规律必然会受到惩罚，所谓"不按牌理出牌"，不是不按规律办事，而是不按常人所认为的"牌理"出牌，决策者是在超前性思维指导下，把握的是事物发展的潜在规律和发展趋势，是对规律的灵活运用。

航海家哥伦布发现美洲大陆后回到欧洲，参加了宫廷嘉奖他的庆功宴。许多王公大臣和名流绅士应邀而来，但他们都瞧不起这个没有爵位的人，纷纷出言相讽。

"只要朝一个方向航行，就会有重大发现！"

"没什么了不起，我要是出去航海，一样会发现新大陆。"

"驾驶帆船，太容易了！女王不应给他这样高的奖赏。"

这时，哥伦布从桌上拿起一个鸡蛋，笑着问大家："各位尊贵的先生，哪位能把这个鸡蛋立起来？"

于是，一些自以为智力超群的人物纷纷开始立那个鸡蛋，

但左立右立，站着立、坐着立，想尽了办法，也立不住椭圆形的鸡蛋。

"我们立不起来，你也一定立不起来！"大家盯住哥伦布。

哥伦布拿起鸡蛋，"砰"的一声往桌上磕了一下，大头破了，鸡蛋牢牢地立在了桌子上。

众人嚷道："这谁不会呀！这太简单了！"

哥伦布微笑着说："是的，这很简单，但在这之前你们为什么想不到呢？"

有许多事情看上去很简单，但发现的过程却是复杂和艰辛的。而想要在"司空见惯"的日常现象中发掘简单中的不简单，探寻混乱中的规律，你必须脱离正统，具有与众不同的思维习惯，不按牌理出牌。

不打破鸡蛋的大头，怎么能够将它竖立起来呢？再好的创意若没有付诸行动，就看不到成果，就毫无价值可言。事实上，我们不要怕，只要谨慎小心，不低估自己的创意就一定能够取得理想的成就，要知道，很多人的成就一开始也是来自那些看起来不怎么样的想法和创意。

非常之人，行非常之事。当我们一部分人对创造力的价值一无所知时，另一部人已经凭借"不按牌理出牌"的创新方式在商战中大开财源。

其实，所有的人或多或少都具有与生俱来的冒险特质。而关键是，是否敢冒不按牌理出牌的险。敢于冒险，对锻炼人格也大有益处。人生不如意事十之八九，平时刻意让自己去应付一些难题，这样可以让你预习如何去面对突发的状况。如果你从不冒险一试，那你的一生也不过是随波逐流，随时会有大浪把你打下去。

第五章

逼自己一下，你才知道
自己有多出色

脑袋决定口袋，观念决定贫富

　　现今的社会生活中，许多人都有希望获得财富的美梦。但是，许多人很快就放弃了自己的梦想，于是生活就失去了动力，人生也就失去了意义。这就是大多数人失败和默默无闻的原因。不要放弃"野心"，即使你一辈子都没有实现你的发财梦，你也会觉得不枉此生。你只要行动，就会有收获。拿破仑·希尔把致富的过程总结为6大步骤：

　　（1）牢记你所渴望金钱的确切数目。

　　（2）决定一下，你要付出什么以求报偿。

　　（3）设定你想拥有所渴望金钱的确切日期。

（4）草拟实现渴望的确切计划，并且立即行动，不论你准备妥当与否，都要将计划付诸实施。

（5）简单明了地写下你想获得的金钱数目，及获得这笔钱的时限。

（6）一天朗读2遍你写好的告白，早晨起床时念一遍，晚上睡觉前念一遍。

这6大步骤的核心就是要行动，任何伟大的财富追求只有在行动中才会变为现实。由此，我们每个人都应该执着地坚持自己创富的信念，保持昂扬的斗志，让梦想焕发惊人的力量，推动我们勇往直前，切莫让"没有发财的命"之类的想法演化成一种借口，成为制约你创造财富的枷锁。

将欲望转换为财富

适当的欲望有助于成功，因为成功是努力的结果，而努力又大都产生于强烈的欲望。正因为这样，强烈的创富欲望，便成了成功创富最基本的条件。如果你不想再过贫穷的日子，就要有创富的欲望，并让这种欲望时时刻刻鞭策你、激励你，让你向着这一目标坚持不懈地前进。创富的欲望是创造和拥有财富的源泉。

你怎样思考，你就会怎样去行动。你要是强烈渴望致富，你就会调动自己的一切能量去追求财富，使自己的一切行动、情感、个性、才能与目标相吻合。这样，经过长期的努力和正确的途径，你便会成为一个你所渴望的创富者，使创富的欲望变成现实。相反，你要是创富的欲望不强烈，一遇到挫折，便会偃旗息鼓，将创富的欲望淡化或压抑下去。

历史和现实都证明了，欲望的力量可以使穷人变成富翁，使失败者重整旗鼓，使残疾人享有健康……欲望的力量就在于，使人在强烈的欲望下，把那些不可能的事变成可能，把"自己不行"的卑微感彻底抛开，昂首阔步地走向成功。尤其是在创富过程中，欲望越强烈，成功的可能性就越大，离成功的目标也就越近。

被动地生活，那你就输了

普通人都有共同的特点，就是能习惯一切，也能适应一切。普通人一般只知道做事情，不琢磨自己所做的事情对自己到底有什么样的意义，自己这样做下去会有什么样的结果。或者什么也不想，什么也不去做，只是随着生活的习惯前行，走到哪步算哪步。

日本三洋电机的创始人井植岁男，有着成功的事业和辉煌的人生。

有一天，他家的园艺师傅对他说："社长先生，我看您的事业越做越大，而我却像树上的蝉，一生都待在树干上，太没出息了。您教我一点创业的秘诀吧？"

井植点点头说："行！我看你比较适合园艺工作。这样吧，在我工厂旁有2万平方米的空地，我们合作来种树苗吧！1棵树苗多少钱能买到呢？"

"40日元。"

井植岁男说："好！扣除过道，2万平方米大约能种2万棵，树苗的总成本是大概100万日元。3年后，1棵树大概能卖多少钱呢？"

"大约300日元。"

"100万日元的树苗成本与肥料费由我支付，以后3年，你负责除草和施肥工作。3年后，我们就可以收入600多万日元的利润，到时候我们每人一半。"

听到这里，园艺师傅却慌忙拒绝说："哇！我可不敢做那么大的生意！"

最后，他还是在井植家栽种树苗，按月领取工资……

看，园艺师傅的思维就撑是典型的安于现状的思维。他也想致富，但一听说要涉及那么多钱，他可能考虑到风险，考虑到未来的辛苦，考虑到自己将遇到的困难，考虑到……他就放弃了行动，最后只能以"我可不敢做那么大的生意"来终结自己创业致富的想法，继续过按月领取工资的普通生活。

大多数人面对自己的处境，从来不问问自己：我想办法了吗？我做了吗？我竭尽全力了吗？很多事情的成功，都不是一蹴而就的，需要一个人努力努力再努力、坚持坚持再坚持才可以实现。但是，安于现状者往往是没有耐心的，他们可以将就，可以凑合。

他们之中游手好闲者有之，不学无术者有之，破罐破摔者有之，空有皮囊者有之。没有机会不去创造机会，有机会也抓不住机会，却整天抱怨这抱怨那。无论在家里，还是在社会上，总有那么多人庸庸碌碌，虚度光阴。贫困的生活，不仅造成他们的身体营养不良，也使他们的灵魂和思想更加贫穷。

从现在起，改变自己

人都有一种思想和生活的习惯，就是害怕自己的环境改变和思想变化，人们喜欢做经常做的事情，不喜欢做需要自己变化的事情。所以，很多时候，我们没有抓住机会，并不是因为我们没有能力，而是因为我们害怕改变。

你是否在做一件事情的时候问过自己："我做过的事情，是否让我自己满意？"如果目前你所做的事情、你所处的位置连你自己都不满意，那说明你没有做到卓越。既然事情没有做到卓越，你依然贫穷，为什么不寻求改变呢？

许多成功人士几乎都经历过贫困的童年生活，他们为自己低下的社会地位感到不满足，他们渴望像富有的人一样拥有财富、摆脱贫困，再也不想一无所有。像富有的人一样干，我也行！正是他们强烈的渴望使他们走上了富裕的道路。

别人能做到的，你也能做到！你深深珍惜的梦想是你的一部分，别人成功致富的实践是你需要借鉴的宝典。所以，要坚信自己能像他们干得一样好，那么开始起航吧，让值得借鉴的亿万富翁的榜样为你的行动提供动力！

想变得优秀，就要像优秀的人那样思考

哲学家普罗斯特曾说过："真正的发现之旅，不在于寻找世界，而在于用新视野看世界。"世界瞬息万变，现代人在面对新世纪的挑战时，首先要改变自己的思想观念，与时俱进，不能故步自封、抱残守缺，更不能一成不变、裹足不前。而必须以新思想、新观念、新视野适应世界的种种变化。

"亿万财富买不到一个好的想法，一个好的想法却可以赚进亿万财富。"

一个人想要过上富有的生活，简而言之，就是要靠脑袋致富，而不是一成不变只靠领薪水过日子；要靠团队倍增财富，而不是靠单打独斗赚血汗钱。

所有的成功首先都源于心灵，所有的构架首先都是思想的构架。建筑物所有的细节首先在建筑师的头脑里完成，施工者仅仅是按照建筑师的设计放置石头、砖块和其他材料。而实际上，我们每个人都是建筑师，我们所做的每一件事都预先在大脑里有某

种程度的设计。

很多时候，使我们陷入贫穷的正是我们思想上的贫穷。任何东西都是首先创造于头脑，随后才是实物。如果我们的思考能力更强些，我们就会是更好的物质劳动者。

美国成功学大师拿破仑·希尔博士依赖自己所创的"心理创富学"而拥有亿万资产。他曾指出："人的心灵能够构思到而又确信的，就可以成为财富。"并提出了心灵创造财富的公式：财富＝想象力＋信念。

想象力是灵魂的工场，也是财富的"核反应堆"。它可以给你带来一个创富的目标，让世界上许多事物向你展示出新奇的面目，但仅止于此还不够，你还必须以坚定的信念，去加以实现。关于行动的重要性，曾获得过 1978 年度诺贝尔物理学奖的罗伯特·威尔逊在谈到科学的创造过程时说过："科学家在动手解决一个确定会有答案的难题时，他的整个态度才会随之发生根本改变，此时他实际上已经找到了一半的答案。"因此，当我们有一个致富的创意存于大脑中时，不妨相信财富已经在某处存在，仅需要我们动手去捉住它罢了。

学习富翁的思维方式

穷人之所以穷，富人之所以富，不在于文凭的高低，也不在于现有职位的卑微或显赫，很关键的一点就在于你是恪守穷思维还是富思维。

爱思考的人不一定是一个富人，但富人一定是一个善于思考的人。因为思考是让一切做出改变的开始，也只有通过思考，才可以让一切改变。

很多人愿意付出力气，但却舍不得动自己的大脑，他们认为思考是一件很痛苦的事情或者是自己不能做的事情。他们因为不善于思考，所以就不能做出改变，甘于按目前的状态生活，所以就很难成为富人。

成功和失败的分水岭往往就是我们没有去思考，而有的人去思考了、去努力了，然后成功了。平庸的人只知道埋头苦干，而成功的人却能"投机取巧"，努力提高自己的思考能力或者总结经验，这对于发现商机来说是很重要的。

生活不止眼前的苟且

如果有人投资让你去开一家杂货店，你会怎么想？

从做事情的角度考虑，开杂货店用不着风吹日晒雨淋，除了进货，大部分时间都是坐着，可以闲聊，可以看报，可以织毛衣，轻松无比。钱也有得赚，进价 6 毛的，卖价 1 元，七零八碎的，一个月下来，至少衣食无忧。

但换一个角度想，开了杂货店，你就开不成饮食店、书店、鞋店、时装店，总之，做一件事的代价就是失去了做别的事的机会。从事业的角度，你要考虑的就不是轻松，也不是一个月的收入，而是它未来发展的潜力和空间到底有多大。

杂货店不是不可以开，而是看你以怎样的态度去开。如果把它当作一件事情来做，它就只是一件事情，做完就脱手；如果是一项事业，你就会设计它的未来，把每天的每一步都当作一个连续的过程。

作为事业的杂货店，它的外延是在不断扩展的，它的性质也在变。如果别的店只有 2 种酱油，而你的店却有 10 种，你不仅买一赠一，还送货上门，免费鉴定，传授知识，让人了解什么是化学酱油、什么是酿造酱油，你就为你的店赋予了特色。你的口碑越来越好，渐渐就会有人舍近求远，穿过整个街区来你的店里买酱油。当你终于舍得拿出 2000 元钱去注册商标时，你的店就有了品牌，有了无形资产。如果你想扩大规模，想增加店面，或者用连锁的方式，或者采取特许加盟的方式，你的店又有了概念，有了进一步运作的基础。

这就是事情和事业的区别，也是穷人和富人的差距。因此，如果你把正当追求财富当作一种事业，你就会站在一个更高的角度来看待它，因而也就更容易在生意场上取得成功。从对许多经济成功人士的采访看，赚钱使他们感到快乐，不在于自己的金钱增加了多少，而在于自己通过赚到的钱，证明了自己的价值，这种满足感才是快乐的源泉。这种满足感使自己在赚钱的时候感觉自己是在从事一种事业，从而极大地激发了自己的创造性和幸福感。

选择自己感兴趣的事业

要想成为成功人士，首先要选择自己感兴趣的事业。只有选择你感兴趣的事业，你才会热爱你的工作，付出你的精力，挖掘你的潜能。

詹姆斯在选择职业方面是一个很好的例子。詹姆斯生活在中上层的家庭，进过预备学校，他的前 18 年住在纽约大都市的一个漂亮的居民小区。

詹姆斯每年的收入超过 70 万美元，算是一个富翁，一个资

产型富翁。他在每年所实现的收入中，每 1 美元就有超过 20 美元的净资产。每周工作日的早晨，他 5 点 35 分起床，面带笑容，并且很快就投入工作。

在解释自己的工作态度时，詹姆斯说："我没有经济上的担忧……我一心只想着去工作……我要去实现我的生意目标，这非常重要。我没有财力上的问题。我不像有些老板，住着昂贵的房子，银行里却没有存款……他们有财务上的担心。而且，我每天都很想去公司，我想做这个，又想做那个。我就是凭着这个动力去工作……就是想把工作做好。"

他长期不停地工作，每天早早起床，其背后的动力是什么呢？詹姆斯的动力与大多数成功者的动力是一样的——他们的财富越多，他们就越有可能说："我的成功直接源于我对自己的事业或生意的热爱。"

詹姆斯现在已经是一个非常成功的富翁，即使再过 20 年，他也有足够的钱使他及家人活得舒舒服服，但他仍然黎明即起，每天辛勤工作。他的目的只有一个，只是想把生意做得越来越好。

从詹姆斯的身上，我们可以看到"热爱"的力量，但只有你感兴趣的事业，你才会热爱。因此，选择一个你终生感兴趣的事业是相当重要的。

兴趣，是一个人力求认识、掌握某种事物并经常参与该种活动的心理倾向。

人们对某种职业感兴趣，就会对该种职业活动表现出肯定的态度，就能在职业活动中调动整个心理活动的积极性，开拓进取，努力工作，这样自然有助于事业的成功。反之，如果对某种职业不感兴趣，硬要强迫他做自己不愿做的工作，这无疑是对意识、精力、才能的浪费，自然无益于工作的进步。

一个人的兴趣爱好是很多的，一般说来，兴趣爱好广泛的人，选择职业时的自由度就大一些，他们更能适应各种不同岗位的工作。广泛的兴趣可以促使人们注意和接触多方面的事物，为自己选择职业创造更多有利条件。在你踏上致富之路前，必须选择好自己的职业。

不拼，怎么知道自己不行

曾经有人说："淘金者需要梦想，发财者需要胆量。"一个人若想成为亿万富翁，创业是一条途径。

生活中，许多人都仅仅满足于当一名雇员，替别人打工，生活虽然有保障，但很难有更大的提升。而有些人却选择做企业主或投资者，因为他们更相信自己的能力和眼光。他们还具有强烈的欲望，总是希望自己能够干一番大事，这也是为什么他们会选择做企业主和投资者的原因。

惠尔特和普克德在大学毕业之后，曾有段时间饱尝了寻找工作的苦。后来他们有所领悟，转变了思维观念：与其找工作，不如自己创业，为别人提供创业机会。摆脱了受雇于人的思想束缚，他们决定干自己的事业。两人合伙凑了 538 美元，在加州租了一间车库，办起了公司，分别取二人姓名中的第一个字母为公司名称，这就是后来闻名于世的惠普公司。

创业之初，迎接他们的是凄风苦雨：他们苦心研制出的音响调节器推销不出去；试制出的发球出界显示器无人问津。但这并没有使两个人气馁，他们依然雄心勃勃，夜以继日地研究、改进，四处奔波去推销。功夫不负有心人，他们研制的检验声音效果的振荡器开始有了几个买主，这令他们感到欣慰。第二年，他们的辛苦终于有了回报，赚了1563美元。

他们为自己赚的1563美元感到高兴，同时也深深地感受到了创业的艰辛，又从这艰辛中体验到了常人无法感受的快乐。

20世纪70年代初，普克德凭着他在商海搏击的经验，认为微电子是工业的未来。于是普克德为惠普定了决策，在"硅谷"创业，以微电子工业作为惠普的发展方向，他们在后来的业务开展中自始至终坚持这一发展方向。1972年，惠普研制出世界上第一台手持计算器，这

会努力，才会有未来 HUI NULI CAIHUI YOU WEILAI

一研制成果为微电脑的开发提供了条件。手持计算器成为微电脑的重要组成部分。1984 年，惠普又研制出激光喷墨打印机。时至今日，惠普在电子计算机硬件技术方面仍然是首屈一指的，是全世界微电子工业最重要的电子元器件、配套设备供应商之一。

人生面临着无数次选择，离校步入社会寻找用人单位几乎是每个人就业的思维方式。你也可以自己独辟一片天地，跳出这个思维方式。

因此，靠自己获取财富的首要途径，就是要勇于自己创业！

创业前做好思想和物质准备

每年都有很多人投入到创业的大潮中，他们当中有的成功了，享受到了创业带来的荣誉与财富；有的失败了，失去了所有的积蓄，甚至还背上沉重的债务。商海中起起伏伏，成功与失败在不停地交替上演。因此，在你决定创业前，一定要先审视自己是否做好了充分的思想和物质准备。

作为一个雇员和一位老板，由于两者所处的位置不同，他们的责任和感受也截然不同。如果你打算从雇员转变为老板，先问问自己能否接受其中的转变。为此你要有以下的准备：

1. 安全感

在创业之初，安全感这种感觉很少能体会到。因为这个阶段，你只是在自己预期目标的支配下努力，但预期目标并未实现，它的实现过程需要你的付出，包括对未来事业的规划与忧虑。有一些私人企业会因为缺乏准备、缺乏资金、缺乏精力以及缺乏对生意的敏锐度而失败。私人企业就像赌博，无论赌注大小都会有输赢两种情况，只不过赌注大小和输赢大小因人而异罢了！

2. 地位

作为受雇者，如果有一辆公司的配车，人们总是把你想得比拥有一辆私人轿车的人来得重要。因为，这是一个地位的标志，表明你在公司很受重用，表明你所从事的工作已小有所成。而经营个人企业时，这种地位的取得却没有那么容易。你需要付出许多努力，在事业有一定根基后，才能得到社会的认同。而这个努力的过程无法预知有多长，它是你的机遇和努力程度共同作用的结果。

3. 财富

你可能会拥有财富。但这只是一种可能，在生意场上，有赔有赚很正常，不要认为做生意一定能赚钱，"下海"前要先了解自己的"水性"怎样。做生意发财是目的，但同样要有足够的心理准备，赔了就当交学费了。当你有了这种承受能力后再涉足商海，才是明智的决定。

4. 家庭生活

你也许认为，作为一个私企老板，你可以每天在家工作，你可以与家人在一起。但实际上，你不但不可能真正地与家人拥有很多的闲暇时间，相反，你的工作时间可能比一般受雇者更多，因为你需要考虑、决定许多事情。尤其在创业初期，许多意想不

会努力，才会有未来 HUI NULI CAIHUI YOU WEILAI

到的工作会耗费你大量的时间，每天的 24 小时差不多要被你用成每天工作 25 小时。

如果你能勇敢地承受以上的各项要求，接下来就应该做好创业的准备工作。

（1）选择创业的行业。最好选择自己熟悉而有能力掌握的行业。先审慎检视一下创业的时机以及自己的条件，对市场必须深入了解，行销计划必须具体可行。

（2）寻求志同道合，真正能共创事业、同甘共苦的合作伙伴。因为在创业过程当中，人才扮演着极为重要的角色，会让你的创业过程事半功倍。

（3）预测可能遇到的困难，并评估自己的实力是否能承受得住。

（4）充裕的资金计划。如果可能，多筹措一些资金是最理想的。不可否认，如能预先妥善规划详尽的资金运用表，当然会倍增奋斗的信心以及成功的概率。

（5）做好最坏的打算。如果市场或者经营环境发生重大变化而无法按照预定计划执行时，要如何应变？如何掌握东山再起的机会？

如果你确认自己做好了创业的思想和物质准备，并且确定经营个人企业是适合自身发展的，那么不要犹豫，坚定信心，立即行动起来吧！

勇敢是成功者的通行证

常言道："不入虎穴，焉得虎子。"想创造机会，却不想冒风险，那是不可能的。大凡成功人士，无不独具慧眼，他们在机会中能看到风险，更能在风险中抓住机遇。

格蒂于 1893 年出生于美国的加利福尼亚州，父亲是一位商人。他小时候很调皮，但读书的成绩还算不错，后来进入英国的牛津大学读书。1914 年毕业返回美国后，他最初的意愿是进入美国外交界，但很快就改变了主意。

他为什么改变了主意呢？因为当时美国石油工业已进入方兴未艾的年代，一种兴致勃勃的创业精神鼓舞着年轻的格蒂到石油界去冒险。他想成为一个独立的石油经营者。于是，他向父亲提出，让他到外面去闯一闯。他向父亲借了一笔钱之后，便独自来到俄克拉荷马州，开始了他的冒险事业。

1916 年春，格蒂领着一支钻探队，来到一个叫马斯科吉郡石壁村的附近，以 500 美元租借了一块地，决定在这里试钻油井。工作开始后，他夜以继日地奋战在工地上。经过一个多月的艰苦奋战，终于打出了第一口油井，每天产油 720 桶。格蒂从此进入了石油界。就在同年 5 月，他和他父亲合伙成立了"格蒂石油公司"。

1919 年，格蒂以更富冒险的精神，转移到加利福尼亚州南部，进行新的冒险计划。但最初的努力失败了，在这里打的第一口井

会努力，才会有未来 *HUI NULI CAIHUI YOU WEILAI*

竟是个"干洞"，未见一滴油。但他不甘失败，在一块还未被别人开采的小田地里取得了租借权，决心继续再钻。然而这块小田地实在太小了，载运物资与设备的卡车根本无法开进去。他采纳了一个工人的建议，决定采用小型钻井设备。他和工人们一起，把物资和设备一件件扛到这块狭窄的土地上，然后再用手把钻机重新组合起来。办公室就设在泥染灰封的汽车上，他们在这个地方奋战了一个多月，终于在这里打出了油。

随后，他移至洛杉矶南郊，进行新的钻探工作。这是一次更大的冒险，因为购买土地、添置设备以及其他准备工作，已花去了大笔资金，如果在这里不成功，那么将意味着他已赚取到的财富将会化为乌有。他亲自担任钻井监督，每天在钻井台上战斗十几个小时。打到 3000 米，未见有油。打到 4000 米，仍未见有油。当打到 4350 米时，终于打出油来了。不久，他们又完成了第二口井的钻探工作。仅这两口油井，就为他赚取了 40 多万美元的纯利润。这是 1925 年的事情。

格蒂的冒险一次次地获得成功，促使他想去冒更大的险。1927 年，他在克利佛同时开 4 个钻井，又获得成功，收入又增加 80 万美元。这时，他建立了自己的储油库和炼油厂。1930 年他父亲去世时，他个人手头已积攒下数百万美元了。以后的岁月，幸运也常伴格蒂身边。他所租的地，十之八九都会钻出油来。而且，他的事业也一直顺风满帆，直到他成为世界著名的富豪。

要想做成任何一件事都有成功和失败两种可能。当失败的可能性大时，却偏要去做，那自然就成了冒险。问题是，许多事很难分清成与败，那么这时候也是冒险。而商战的法则是冒险越大，赚钱越多。事实上，冒险与收获常常是结伴而行的，险中有夷，危中有利。要想有卓越的结果，就要敢冒风险。一个人纵然有强烈的致富欲望，但却不敢冒险，就永远做不到最大、最强。

时刻注意机会成本

对创富者来说，做一项买卖的成本不仅是付出的金钱与精力，还有一个巨大的易被忽视的成本：就是你因无法同时做另一件事而放弃的机会和财富，这也是你的机会成本。因此你在做任何事情之前，一定要仔细权衡其中的机会成本，千万不能因小失大。

机会成本观念还要求舍小事管大事。有些人事必躬亲，不论

会努力，才会有未来 *HUI NULI CAIHUI YOU WEILAI*

大小事都要亲自参与，不放心让别人去做，自以为"无论大事小事，我不经手就一定会出差错"。这看上去是节省了人手，殊不知，在他为烦琐小事忙得焦头烂额的时候，竞争对手已经轻装上阵，远远地把他抛在身后了。

在决定冒险之前，我们一定要考虑机会成本的问题，没有机会成本观念的人，往往会因小失大，导致失败。

美国佛罗里达州的约翰·莫特勒是一个为了实现自己的梦想而甘冒风险的人。他在一个条件优越而又忙碌的会计岗位上工作了10余年。但是他却准备辞去这份无忧无虑的工作，而去圆自己当老板的梦想。

他的妻子、他的所有朋友，甚至他的老板和同事都认为他这样做简直疯了。但是经过仔细认真地计划后，他对自己要面对的风险充满信心。最后，他毅然辞去了会计工作，开始构建自己的事业——专门生产、销售风味小吃。

莫特勒对风险有足够的准备，因为他事先做了细致的规划。在他开始自己的事业以前，他就已经把所有的空余时间都用在了厨房里，研究食谱，品尝、调制各种不同口味的小吃。他的周全翔实的计划、坚忍不拔的毅力和耐心以及努力终于获得了回报。

从采取行动到实现自己的梦想仅仅3年时间，约翰·莫特勒就成为百万富翁了。他销售风味小吃一事成了整个美国家喻户晓的美谈。当然，再也没有人说他的行为是"疯了"。

当我们面对风险时，应该像莫特勒那样充满自信。恰当的计划能够让我们对大多数的风险挑战有所准备。

风险是一把双刃剑，冒风险去做一件事情之前，必须将机会成本考虑在内，以便更好地规避风险，走向成功。

第六章

一定要战胜自己，你才
活得比别人更有意义

yiding yao zhansheng ziji ni cai huode bi bieren gengyou yiyi

抑郁，是心灵的枷锁

人在不同时期，拥有不同的心态，而心态的不同，会导致不同的人生经历。大多数人都可能曾经或轻或重地陷入抑郁。抑郁是一种很复杂的情绪，是痛苦、愤怒、焦虑、悲哀、自责、羞愧、冷漠等情绪复合的结果。它是一种广泛的负面情绪，又是一种特殊的正常情绪。抑郁超过了正常界限就畸变为抑郁症，成了病态心理。由于每个人的心理素质不同，所以抑郁有时间长短、程度强弱之分。

对于抑郁的人，所有的怜悯都不能穿透那堵把他和世人隔开的墙壁。在这封闭的墙内，不仅拒绝别人哪怕是极微小的帮助，而且还用各种方式来惩罚自己。在抑郁这座牢狱里，拥有抑郁的人同时充当了双重角色：受难的囚犯和残酷的罪人。正是这种特殊的心理屏障——"隔离"，把抑郁感和通常的不愉快感区别开来。

抑郁困扰世人已经有很长一段时间了，早在两千多年前的著作中就曾有人提及抑郁症患者。

作为美国的第 16 任总统，林肯也经历过抑郁的困扰："现在我成了世上最可怜的人。如果我个人的感受能平均分配到世界上每个家庭中，那么，这个世上将不会再有一张笑脸。我不知道自己能否好起来，我现在这样真是很无奈。对我来说，或者死去，或者好起来，别无他路。"

心情低落是抑郁症的主要表现。抑郁症属于心理学的范畴，却不单纯表现为心理问题，还可能诱发一些躯体上的相关症状，比如口干、便秘、恶心、憋气、出汗、性欲减退等，女性患者可能会出现闭经等症状。

抑郁症的具体症状表现有：常常不由自主地感到空虚，为一些小事感到苦闷、愁眉不展；觉得生活没有意义，对周围的一切都失去兴趣，整天无精打采；非常懒散，不修边幅，随遇而安，不思进取；长时间的失眠，尤其以早醒为特征，醒后难以再次入睡；经常惴惴不安，莫名其妙地感到心慌；思维反应变得迟钝，遇事难以决断，行动也变得迟缓；敏感而多疑，总是怀疑自己有大病，虽然不断进行各种检查，但仍难排除其疑虑；经常感到头痛，记忆力下降，总是感觉自己什么也记不住；脾气古怪，常常因为他人一句不经意的话而生气，感觉周围的人都在和他作对；总是感到自卑，对自己所做的错事耿耿于怀，经常内疚自责，对未来没有自信；食欲不振，或者暴饮暴食，经常出现恶心、腹胀、腹泻或胃痛等状况，但是检查时又没有明显的症状；经常感到疲劳，精力不足，做事力不从心；变得冷酷无情，不愿意和他人交往，酷爱一个人的空间，甚至自己的父母都难以与其进行交流，害怕他人会伤害自己；常常有自杀的念头，认为自杀是一种解脱。

抑郁者的人生态度通常很消极。正是由于抑郁使人丧失了自尊与自信，总是自我责备、自我贬低，无论对环境对自我，都不能积极地对待；对环境压力总是被动地接受而不能积极地控制，更谈不上改造；对自我也总感到难以主宰而随波逐流。于是在人生征程上没有理想与期待，只有失望与沮丧。总感到茫然无助，陷入深重的失落感而难以自拔，对一切都难以适应，只能退缩回避。我们周围常常有这类人，当生活环境发生重大变化而呈现出巨大反差时，当人生之旅中出现一些变故、遇到一些挫折时，或者仅仅是环境不如意时，便精神不振、心神不定，百无聊赖而焦躁不安，不思茶饭更无心工作，甚至不想生活，整个人陷入消极颓丧中。

思路突破：走出抑郁的监牢

抑郁是禁锢人心灵的枷锁，困扰着人们，使人不能在现实的世界中调适自我，只能渐渐退缩到自我的小天地里来逃避抑郁。

为了使我们的生活永远充满阳光，为了使我们有一个健康向上的心理，人们曾费尽心思地寻找克服抑郁的办法。

温兹洛夫指出，最有效的办法是从事可振奋情绪的活动，观看让人振奋的运动比赛、看喜剧电影、阅读让人精神振奋的书。不过值得注意的是，有些活动本身就会让人沮丧，比如，研究发现，长时间看电视通常会陷入情绪低潮。

科学家发现，有氧舞蹈是摆脱轻微抑郁或其他负面情绪的最佳方式之一。不过这也要看对象，效果最好的是平常不太运动的人。至于每天运动的人，效果最好的时期大概是他们刚开始养成运动习惯的时候。事实上，这种人的心态变化与一般人恰恰相反，不运动时心情反而容易陷入低潮。运动之所以能改变心情，是因为运动能改变与心情息息相关的生理状态。

善待自己或享受生活也是常见的抗抑郁方法，具体的方法包括泡热水澡、吃顿美食、听音乐等。送礼物给自己是女性常用的方式，大采购或只是逛逛街也很普遍。研究发现，女性利用吃东西治疗悲伤的比率是男性的 3 倍，男性诉诸饮酒的比率则是女性的 5 倍。

另一个提升心情的良方是助人，抑郁的人萎靡不振的主因是不断想到自己极不愉快的事，设身处地地同情别人的痛苦可达到转移注意力的目的。研究发现，担任义工是很好的方法。然而，这也是最少被采用的方法。

🏔 多一些思考，少一点冲动

培根说："冲动，就像地雷，碰到任何东西都一同毁灭。"如果你不注意培养自己冷静理智、心平气和的性情，培养交往中必需的沉着，一旦碰到"导火线"就暴跳如雷，情绪失控，就会把你最好的人生全都炸掉，最后让自己陷入自戕的囹圄。

南南的爸爸妈妈大吵了一架，起因是妈妈放在自己外套里的 300 元钱不见了，妈妈认定是爸爸拿的，爸爸却不承认。下班后，爸爸直接去保姆家接南南，保姆一边帮南南穿衣服，一边说："昨天我给南南洗衣服，从她口袋里找出 300 元钱，都被我洗湿了，晾在……"没等保姆把话说完，爸爸立刻就把南南拽了过去，狠狠打了她两个耳光，南南的嘴角立刻流血了。"你竟敢偷钱！害得我和你妈妈大吵了一架，这样坏的孩子不要算了！"他丢下南南掉头就走了。南南根本不知道发生了什么事，只觉得脸很痛，就哭了起来。保姆对南南妈妈说："你家先生也太急躁了，不等我把话说完就打孩子，这么小的孩子哪知道偷钱啊！ 300 元钱对她来说就是几张花纸，一定是她拿着玩时顺手放到口袋里的。"南南被妈妈抱回家，但却总是不停哭闹，妈妈只好带她去医院做检查。

检查结果让夫妻俩完全呆住了：孩子的左耳完全失去听力，右耳只有一点听力，将来得带助听器生活。由于失去听力，孩子的平衡感会很差，同时她的语言表达能力也将受到严重影响。南南爸爸痛不欲生，他一时冲动打出的两个巴掌竟然毁了女儿的一生，他永远也无法原谅自己，并将终生背负着对女儿的愧疚。

冲动的行为害人害己，这个事件就是一个很好的例证。

冲动是生活中的隐形地雷，我们

应学会调控自己的情绪，尽量避免冲动所带来的不利后果。

生活中，大多数成功者，都是对情绪能够收放自如的人。情绪已经不仅仅是一种感情的表达，更是一种重要的生存智慧。如果控制不住自己的情绪，随心所欲，就可能带来毁灭性的灾难。情绪控制得好，则可以让你化险为夷。

冷静安详修正果

许多人因缺乏自我控制能力，不能时刻保持冷静沉着，情绪因为毫无节制而躁动不安，因为不加控制而浮沉波动，因为焦虑和怀疑而饱受摧残。

只有冷静的人才能够控制自己的情绪，才可以"修成正果"。

禅师正在打坐，这时来了一个人。他猛地推开门，又"砰"地关上门。他的心情不好，所以就踢掉鞋子走了进来。

禅师说："等一下！你先不要进来，先去请求门和鞋子的宽恕。"

那人说："你说些什么呀？你的话太荒唐了！我干吗要请求门和鞋子的宽恕啊？这真叫

人难堪……那双鞋子是我自己的！"

禅师又说："你出去吧，永远不要回来，你既然能对鞋子发火，为什么不能请它们宽恕你呢？你发火的时候一点也没有想到对鞋子发火是多么的愚蠢。如果你能同冲动相联系，为什么不能同爱相联系呢？关系就是关系，冲动是一种关系。当你满怀怒火地关上门时，你便与门发生了关系，你的行为是错误的，那扇门并没有对你干什么事。你先出去，否则就不要进来。"

禅师的话像一道闪电，那人开始领悟了。

于是，他先出去了。也许这是他一生中的第一次，他抚摸着那扇门，泪水夺眶而出，他抑制不住涌出的眼泪。当他向自己的鞋子鞠躬时，他的身心发生了巨大的变化。

的确，没有平和的心态，一味的冲动是无法走向成功的。冲动是指在理性不完整的状况下的心理状态和随之而来的一系列恶性行为，冲动的正面是冷静，冷静的本质又是理智，只有理智的人才能真正驾驭自己的人生。

放下焦虑，才能得到安宁

在如今这个快节奏的社会里，升学就业、职位升降、事业发展、恋爱婚姻、名誉地位，种种事情使人们承受着巨大的心理压力。由此产生焦虑情绪，造成心神不宁、焦躁不安，严重影响人们的工作和生活。发生焦虑的原因有时候匪夷所思、出人意料。

1. 守规焦虑

遵纪守法、照章办事，理所当然，又有什么好焦虑的呢？但是在某些场合，守规焦虑就在所难免。

我们不妨先看两个例子：一是"人行道焦虑"——过马路走人行道，应该是无忧无虑的吧？但当很多人都不走人行道，一窝蜂跨栏杆而过时，还有奔驰的车辆对人行道上的行人并不礼让，朝你直冲过来时，面对不守秩序的情况，人们易产生焦虑情绪。二是"排队焦虑"——当你老老实实地排着长队，等着购物、购票、分房子、评职称时，有人却在前面夹塞、在后门另排小队，这些不守道德、不守秩序的行为也会让人焦虑。

2. 付账焦虑

在中国，当几个熟人一起坐车、聚餐时，大家抢着购票、付账是司空见惯的景观。虽说 AA 制现在在青年中已流行开来，但一般人还是不习惯这种"分得太清"的方式，觉得既然是"熟人"，就不能太"生分"，为了表示热情主动、不分彼此，就该抢先付账，否则显得不够交情，甚至有爱占别人便宜之嫌。在相互"争论"的过程中，也难免紧张，会产生焦虑情绪。

3. 催账焦虑

如果请你想象一下催账人、讨债人的形象，在你的脑海中绝不会浮现出一个和蔼可亲的面目，而极有可能联想到《白毛女》一类的电影中地主逼租的镜头。其实，向人讨账并非"黄世仁""南霸天"的专利，你自己在日常生活中恐怕也难免遇到需要向人催账的事情，但是"催账焦虑"也许最终使你没能开口。

4. 点钱焦虑

有些人一碰到钱，就显得很马虎大意，从别人手中接钱时（如领工资、取买东西找回的余款），尤其是从熟人、好友手中接钱时往往看都不看，一把塞进口袋里。待回家查点对不上数，便只好自认倒霉或者闹出不小的矛盾。其实，在这种"马虎"的背后，有一种"点钱焦虑"在作怪：不点不放心，点又显得太多心。当面一五一十地核点，似乎太不信任对方，两人都不免有点难堪，朋友之间说不定还会因此影响交情；不当面点清，一旦有差错，事后再查就说不清、道不明了。点也不是，不点也不是，自然免不了一番焦虑。

5. 诚信焦虑

中国民间流传的告诫人们如何为人处世的人生格言非常多，但在它们中间又有不少相互矛盾的说法。例如，一方面提倡"以诚待人""以心换心"，另一方面又鼓吹"防人之心不可无"。如果人们同时接受了这两种截然相反的格言，在实际生活中就难免产生"诚信焦虑"——竭尽全力以诚相待，同时也会担心遇到不讲究诚信的行为，这便是由于诚信问题所带来的焦虑。

形形色色的焦虑充斥人们的生活，不胜枚举，它们像细菌一样侵蚀人们的灵魂和机体，妨碍人们的正常生活，影响人们的身心健康。所以，走向生活，应该从拒绝焦虑开始。

超越焦虑，把握人生

古时候，残忍的将军要折磨俘虏时，常常把俘虏的手脚绑起来，放在一个不停往下滴水的袋子下面，水滴着……滴着……夜以继日，最后，这些不停滴落在头上的水，变成好像是用槌子敲击的声音，使俘虏精神失常。

焦虑就像不停往下滴的水，而那不停地往下滴的焦虑，通常会使人神智失常，使人生变得灰暗。

战胜焦虑的方法之一是客观冷静地分析你所处的境遇，确定和估计一下可能发生的最糟糕的结果是什么。通过分析，你会发现最坏的结果并没有糟到山崩地裂、地球爆炸的程度，而如果坏事一旦真的发生，你也可以承受它。

有意思的是，我们预先担忧的事通常不会发生。就算不幸真的发生了，也往往没有预计中的可怕，损失也并不那么惨重。

其实大灾大祸在你身上发生的概率微乎其微，人们总是习惯花很多时间和精力去担忧也许永远也不会发生的事，其实这真是杞人忧天，完全没有必要的。如果你能冷静接受你所遭遇的每一件事，你就没有必要去焦虑。

远离孤独，让朋友带给你快乐

孤独是既不爱人也不被人爱的一种失重状态，是处于不关心他人也不被他人关心的人生夹壁，因此摆脱孤独的唯一方式在人而不在物，即以爱人之心冰释不被人爱的人生尴尬。

纽约心理学研究所所长亨利曾说："据我所知，现代心理学最重要的发现，就是在了解自己与追求自我幸福上，必须训练自己及牺牲自己，这是经过科学验证的发现。"聊天是解除孤独最易行也最廉价的方式。

　　有的人会把孤独与空寂相等同，事实上，孤独与空寂这两件事有极大的不同。孤独是一种完全与外界切断，没有明显理由而突然非常害怕的感觉。如果你的心中感觉什么都无法依赖，没有任何一种方法能解除你这种自我封闭式的空虚，你就明白什么叫恐惧了，这就是孤独。但是空寂完全不同，那是一种解脱的境界，当你经历过孤独，并且明白孤独是什么以后，空寂就来到了。那是一种在心理上不再依赖任何人的境界，因为你已经不再追求娱乐、舒适及满足。只有在这个时刻，你的心才是完全独立的，也只有这种心智才具有创造力。

　　当孤独的痛苦笼罩你的时候，你就要面对它、看着它，不要产生任何想逃走的意念。如果你逃走了，你就永远也不会了解它，它就永远躲在一角伺机而动。反之，如果你能了解孤独并且超越它，你就会发现根本不需要逃避它，于是也就不再有那种追求满足和娱乐的冲动了，因为你的心已经认识了一种不会腐败也无法毁灭的圆满。

用孤独沉淀心灵

在漫漫的人生长路中，孤独常常不请自来地出现在我们面前。在广阔的田野上，在"行人欲断魂"的街头，在幽静的校园里，在深夜黑暗的房间中，你都能隐约感受到孤独的灵魂。

保留一点孤独则可以使你"远看"事物，即"从事物远离"，对事物"做远景的透视"，只有这样才能达到万物合一、生命永恒的境界。在这种境界中，你"可以倾诉一切"，"可以诚实坦率地向万物说话"，"人们彼此开诚布公，开门见山"。这也是一种艺术审美的境界，它能"使事物美丽、诱人，令人渴慕"，使人成为自己的主人，使人生获得意义和价值。

肯定自己，做生活的阳光舞者

有位名人说过："害羞是人类最纯真的感情现象。"通常情况下，是人就知道害羞。这种内心不安、惶恐的表现是人成长过程中正常的焦虑现象，但如果这种焦虑持久而严重地干扰了人的正常生活，则成为一种心理病态——社交焦虑症。

美国儿童精神病学家莫妮克·厄恩斯特说："迄今为止，人们认为羞涩往往会导致人避开社交场景，我们的研究是让大家知道，在羞涩的人的大脑中，与犒赏系统有关的区域的活动更加强烈。"

在美国有 40% 的成年人有羞怯表情，在日本 60% 的人为自己害羞，在我们国家则几乎所有的人都有羞怯的时候，连宋代大诗人苏轼也曾有过"归来羞涩对妻子"的尴尬场面。心理学家认为，羞怯心理并不都是消极的，适度的羞怯心理是维护人们自尊的重要条件。女性适度的羞怯，可以使之更显得温柔和富有魅力。

当然，这里讲的是"适度"，如过于羞怯，那就成了心理障碍，会给自己的交际和生活带来许多不必要的障碍和苦恼。

8种技巧让你远离羞怯

从心理学的角度看，羞怯起因于许多事情，但无论是先天的羞怯还是后天的，都可以通过一些行为技巧去克服。

（1）做一些克服羞怯的运动。例如，将两脚平稳地站立，然后轻轻地把脚跟提起，坚持几秒钟后放下，每次反复做30下，每天这样做两三次，有助于消除心神不定的感觉。

（2）害羞使人呼吸急促，因此，要强迫自己做数次深长而有节奏的呼吸，这可以使一个人的紧张心情得以缓解，为建立自信心打下基础。

（3）改变你的身体语言。最简单的改变方法就是SOFTEN——柔和身体语言，它往往能收到立竿见影的效果。所谓"SOFTEN"，S代表微笑；O代表开放的姿势，即腿和手臂不要紧抱；F表示身体稍向前倾；T表示身体友好地与别人接触，如握手等；E表示眼睛和别人正面对视；N表示点头，显示你在倾听并理解它。

（4）主动把你的不安告诉别人。诉说是一种释放，能让当事人心理上舒服一些，如果同时能获得他人的劝慰和帮助，当事人的信心和勇气也会随之大增。

（5）循序渐进，一步步改变。专家告诉我们，克服害羞是一项工程，也是一场我们一定能够打赢的战斗，每一个胜利都是真实可见的，只要我们去做。

（6）学会适当调侃。首先得培养乐观、开朗、合群的性格，注重语言技术训练和口头表达能力，还要去关注社会、洞察人生，做生活的有心人。"调侃"对于害羞的人而言，是一味效果很不错的药剂。服了它，你的一句话，可能就会让生活充满情趣，让你自己也充满自信。

（7）讲究谈话的技巧。在连续讲话中不要担忧中间会有停顿，因为停顿一会儿是谈话中的正常现象。

在谈话中，当你感觉脸红时，不要试图用某种动作掩饰它，这样反而会使你的脸更红，进一步增加你的羞怯心理。羞怯并不等于失败，这只是由于精神紧张，并非是你不能应付社交活动。

（8）学会克制自己的忧虑情绪，凡事尽可能往好的方面想，多看积极的一面。

羞怯是人际交往的一道障碍，让我们从羞怯中走出来吧，抛开羞怯心理，我们将能更好地享受集体生活的欢娱。

死要面子活受罪

多年前，林语堂先生在《吾国与吾民》一书中说，统治中国的三女神是"面子、命运和恩典"。"讲面子"是中国社会普遍存在的一种民族心理，面子观念的驱动，反映了中国人尊重与自尊的情感和需要，但过分地爱面子就会形成一种离志的心理，如果任其演化下去，终将得不偿失。

有一个博士毕业后分到一家研究所，成为该单位学历最高的人。

有一天他到单位后面的小池塘去钓鱼，正好正副所长在他的一左一右，也在钓鱼。他只是微微点了点头，跟这两个本科生，有啥好聊的呢？

不一会儿，正所长放下钓竿，伸伸懒腰，蹭蹭蹭从水面上如飞地走到对面上厕所。博士眼睛瞪得都快掉下来了。水上漂？不会吧？这可是一个池塘啊。

正所长上完厕所回来的时候，同样也是蹭蹭蹭地从水上漂回来了。怎么回事？博士生又不好去问，自己是博士生哪！

过了一阵，副所长也站起来，走几步，蹭蹭蹭地飘过水面上厕所。这下子博士更是差点昏倒：不会吧，到了一个江湖高手集中的地方？

博士生也需要去卫生间了。这个池塘两边有围墙，要到对面厕所非得绕10分钟的路，而回单位上又太远，怎么办？

博士生也不愿意问两位所长，过了一会儿，也起身往水里跨："我就不信本科生能过的水面，我博士生不能过。"

只听"咚"的一声，博士生栽进了水里。

　　两位所长将他拉了出来，问他为什么要下水，他问："为什么你们可以走过去呢？"

　　两所长相视一笑："这池塘里有两排木桩子，由于这两天下雨涨水正好在水面下。我们都知道这木桩的位置，所以可以踩着桩子过去。你怎么不问一声呢？"

　　上面的这个例子再经典不过了，一个人过于爱惜面子，难免会流于迂腐和虚荣。"面子"是"金玉其外，败絮其中"的虚浮表现，刻意地张扬面子，或让"面子"成为横亘在生活之路上的障碍，终有一天会吃到苦头。因此，无论是人际方面还是在事业上，我们都不要因为不恰当地过于爱惜面子，为自己的生活带来不必要的麻烦。

丢掉面子的羁绊

　　"面子观"是一种死守面子、唯面子为尊的价值观念和行事思想，对我们行事做人有很大的束缚。因此，我们没必要为了面子而勉强使自己显得处处比别人强。每个人都有缺陷，不要试图每一方面都在人上。聪明的人，敢于承认不如人，也敢于对自己不会做的事说"不"，所以他们自然能赢得一份适意的人生。

一位作家的寓所附近有一个卖油面的小摊子。一次，这位作家带孩子散步路过，看到生意极好，所有的椅子都坐满了人。

作家和孩子驻足观看，只见卖面的小贩把油面放进烫面用的竹捞子里，一把塞一个，仅在刹那之间就塞了十几把，然后他把叠成长串的竹捞子放进锅里。接着他又以极快的速度，熟练地将十几个碗一字排开，放作料、盐、味精等，随后他捞面、加汤，做好十几碗面的时间竟不到 5 分钟，而且还边煮边与顾客聊天。

作家和孩子都看呆了。当他们从面摊离开的时候，孩子突然抬起头来说："爸爸，我猜如果你和卖面的比赛卖面，你一定输！"对于孩子突如其来的话，作家莞尔一笑，并且立即坦然承认，自己一定会输给卖面的人。作家说："不只会输，而且会输得很惨。在这世界上我是会输给很多人的。"

"尺有所短，寸有所长"，一个人若刻意追求面面俱到，以使自己在人前人后占尽风光，其结果只能是徒耗精力，事与愿违。因此，故事中的父亲坦然承认自己的技不如人之处，并将这种豁达大度的生活态度教给自己的孩子，使他能在今后的生活中坦然面对自己的弱势，不因虚荣而盲目与人、与自己较劲，这不能不说是明智之举。

我们常常以不屈不挠的精神坚持自己的强势，在一小领域里死不认输，最后却输掉了整个人生。所以，正确剖析自己，敢于承认自己的缺点，放下虚荣心，走出"面子围城"，这不是软弱，而是人生的智慧。

把自己的杯子倒空，才能装进新的东西

许多人总是把自负当成是激励自己继续努力和赖以为生的精神动力，事实上，自负是一种精神与心灵上的盲目。

综观历史，一些成功人士的失败，无不源于在成就面前的忘乎所以、我行我素、目空一切。

被人称为"美国之父"的富兰克林，少年得志、豪情满怀、意气风发。他的表现、风度自然也是挺胸阔步、昂首视人。

一位爱护他的老前辈意识到，一位有成就的人如此表现很危险。于是他将富兰克林约出来，地点选在一所低矮的茅屋。富兰克林习惯于昂首阔步、大步流星，于是一进门只听"嗵"的一声，他的额头顿时起了一个大包，痛得连声叫喊。

迎出来的老前辈说："很疼吧！对于习惯仰头走路的人来说，这是难免的。"富兰克林终于有所领悟。

俗话说："满招损，谦受益。"骄傲自大的人，常因"鼻孔朝天"而四处碰壁，而谦虚的人却能时刻保持谨慎诚恳的姿态，踏踏实实地走稳人生之路。

"满"不是自我张扬，"谦"也不是自我压抑，最关键的是

在成功面前，以一颗平和的心面对未来，只有这样，才能把自己的成就保持长久。世人皆知的爱迪生的晚年经历也许能给我们一些启发。

当初那个锐意进取的爱迪生，到了晚年曾说过一句令人们目瞪口呆的话："你们以后不要再向我提出任何建议。因为你们的想法，我早就想过了！"于是悲剧开始了。

1882年，在白炽灯彻底获得市场认可后，爱迪生的电气公司开始建立电力网，由此开始了"电力时代"。当时，爱迪生的公司是靠直流电输电的。不久，交流电技术开始崭露头角，但受限于数学知识（交流电需要较多数学知识）的不足，更受限于孤芳自赏的心态，爱迪生始终不承认交流电的价值。凭借自己的威望，爱迪生到处演讲，不遗余力地攻击交流电，甚至公开嘲笑交流电唯一的用途就是做电椅杀人！发展交流电技术的威斯汀豪斯公司，一度被爱迪生压得抬不起头。

但一朝不等于一世，后来那些崇拜、迷信爱迪生的人在铁的事实面前惊讶地发现，交流电其实比直流电要强得多！

爱迪生辉煌的人生在接近尾声时栽了一个致命的大跟头，而且再也没能爬起来，成了他一生挥之不去的败笔。

是什么使爱迪生前后判若两人？是什么毁了一个功成名就的伟人？在逆境中，爱迪生保持了惊人的毅力与良好的心态；在顺境中，他却像历史上很多伟人一样，沉浸在自己的成就中，变得狂妄、轻率而固执。从那一刻起，他前半生积累的一切成就全部

变成了负数，阻碍了社会进步，也毁了自己的一世英名。

不要相信能人会永远英明，即便连伟大的爱迪生，到晚年都保不住自己的"品牌"。古今中外的很多伟人都难逃"成功—自信—自负—狂妄—轻率—惨败"的怪圈。真正聪明的人，总是在为事业奠定了物质和制度基础后，平视自己的成就，平视周围的人，而不是仰视成就、俯视周围的人和事，只有这样的人才可能事业常青。

谦虚让人终生受益

有人问苏格拉底是不是生来就是超人，他回答说："我并不是什么超人，我和平常人一样。有一点不同的是，我知道自己无知。"这就是一种谦卑。无怪乎，古罗马政治家和哲学家西塞罗会说："没有什么能比谦虚和容忍更适合一位伟人。"

一颗谦逊的心是自觉成长的开始，就是说，在我们承认自己并不知道一切之前，不会学到新东西。许多年轻人都有这种通病，他们只学到了一点点，却自以为已经学到一切。他们的心关闭起来，再没有东西进得去，他们自以为是万事通，而这恰恰是他们所犯的最严重的错误。

达·芬奇曾经说过："浅薄的知识使人骄傲，丰富的知识则使人谦逊，所以空心的禾穗高傲地举头向天，而充实的禾穗则低头向着大地，向着它们的母亲。"

谦逊不仅是一种美德，更是通往进步之门的钥匙。没有谦逊，我们就会太过自满；没有谦逊，我们就不会睁大两眼满怀好奇地去探索新的领域。如果我们不能保持谦逊的态度，我们或许就不愿承认错误，也就找不出解决问题的方法。谦逊，是我们对人类文明的未来以及我们在其中所处的地位表示关注的应有心态，也是那些对世间一切事物不肯放任自流，希冀以奋斗不息的努力实现在地球上建成人间乐土的人应有的心态。

靠天靠地不如靠自己

世上有一种人，存在极强的依赖心理，总是依靠拐杖走路，尤其是依靠别人的拐杖走路。

有些人经常持有的一个最大谬见，就是以为他们永远会从别人不断的帮助中获益。力量是每一个志存高远者的目标，而事事依靠他人只会导致失败。

美国前总统约翰·肯尼迪的父亲从小就注意对儿子独立的性格和精神状态的培养。有一次，他赶着马车带儿子出去游玩，在一个拐弯处，因为马车速度很快，猛地把小肯尼迪甩了出去。当马车停住时，儿子以为父亲会下来把他扶起来，但父亲却坐在车上悠闲地掏出烟抽起来。

儿子叫道："爸爸，快来扶我。"

"你摔疼了吗？"

"是的，我感觉自己已站不起来了。"儿子带着哭腔说。

"那也要坚持站起来，重新爬上马车。"

儿子挣扎着自己站了起来，摇摇晃晃地走近马车，艰难地爬

了上来。

　　父亲摇动着鞭子问："你知道为什么让你这么做吗？"

　　儿子摇了摇头。

　　父亲接着说："人生就是这样，跌倒、爬起来、奔跑，再跌倒、再爬起来、再奔跑。在任何时候都要靠自己，没人会去扶你的。"

　　新生命的诞生是从剪断脐带开始的，人类注定只有靠自己才能获得自由。生活中最大的危险，就是依赖他人来保障自己。如果一个人依赖他人，将永远也坚强不起来，永远也不会有独创力。要么独立自主，要么埋葬雄心壮志，一辈子老老实实做个普通人。因此，一个人要变得更强更有力量，就必须甩掉依赖的拐杖。

走出依赖的围墙

雨果曾经写道："我宁愿靠自己的力量打开我的前途，而不愿求有力者的垂青。"只要一个人是活着的，他的前途就永远取决于自己，成功与失败，都只系于自己身上。而依赖作为对生命的一种束缚，是一种寄生状态。

真实人生的风风雨雨，只有靠自己去体会、去感受，任何人都不能为你提供永远的荫庇。你应该掌握前进的方向，把握目标，让目标似灯塔般在高远处闪光；你应该独立思考，有自己的主见，懂得自己解决问题；你的品格、你的作为，你所有的一切都是你自己行为的产物，并不能靠其他什么东西来改变。

人只有依靠自己，才能配得上最高贵的东西。

不靠别人的脑子思考自己的人生

跟风、随大流是一些人的"通病"和习惯，是思维懒汉的"专利"，是我们内心中难以觉察到的消极幽灵。许多人总认为多数人这样做了就一定有道理，自己何必多加考虑，随大流就是了。甚至，有时从众的习惯明显存在严重缺陷，可人们仍不愿批评它，依然盲目跟随，从而导致无谓的悲哀和失败。盲从是一种被动的寻求平衡的适应，是在虚荣之风裹挟下的随大流。它源于从众，出于无奈，又有不得已而为之的意味。

每年高考报志愿时，大家都会看到这样的场面：莘莘学子拿着报考志愿表，在选择填报哪个学校与专业时却表现得束手无策。

大家纷纷想寻找"热门"专业，同时对自己能否考上也心存怀疑，所以难免会发出询问："老师，他们都填报了计算机系，你看我是不是这块料？"

在犹豫和怀疑之后，许多优秀学生最终都选择了大家趋之若鹜的"热门专业"。然而，到大学临近毕业时，他们才发现这些"热门行业"其实并不适合自己。

这种现象，是在职业选择上的典型的从众心理。此类错误普遍存在，说明很多人并没有意识到社会需求的一条客观规律：物以稀为贵。

一旦千军万马都去挤一座独木桥，那么就会使桥坍塌的可能性大大增加。相反地，如果你能独具慧眼，另辟蹊径，见人之所未见，则往往更能适合社会的需要，也就更容易在社会上生存并取得成功。

生活中，很多人都有跟风、从众的心理特点和行为取向。

有个人一心一意想有所成就，可是从年轻熬到斑斑白发，却还是无所作为。这个人为此极不快乐，每次想起来就掉泪，有一天竟然号啕大哭起来。

一位新同事刚来办公室工作，觉得很奇怪，便问他因为什么难过。他说："我怎么不难过？年轻的时候，我的上司爱好文学，我便学着作诗、写文章，想不到刚觉得有点小成绩了，却又换了一位爱好科学的上司。我赶紧又改学数学、研究物理，不料上司嫌我学历太低，不够老成，还是不重用我。后来换了现在这位上司，我自认文武兼备，人也老成了，谁知上司喜欢青年才俊。我……我眼看年龄渐高，就要被迫退休了，却还一事无成，怎么不难过？"

可见，一味盲从、没有自我的生活是苦不堪言的，没有自我的人生是索然无味的，丧失自我是悲哀的。要想拥有美好的生活，自己必须自强自立，拥有良好的生存能力。没有生存能力又缺乏自信的人，肯定没有自我。一个人若失去自我，只是一味盲从，就会丧失做人的尊严，自然也就与成功无缘了。

用自己的大脑支配自己的行动

一场多边国际贸易洽谈会正在一艘游船上进行，突然发生了意外事故，游船开始下沉。船长命令大副紧急安排各国谈判代表穿上救生衣离船，可是大副劝说失败。船长只得亲自出马，他很快就让各国的代表都弃船而去。大副为此惊诧不已。船长解释说："劝说其实很简单。我对英国人说，跳水是有益于健康的运动；对意大利人说，不那样做是被禁止的；对德国人说，那是命令；对法国人说，那样做很时髦；对俄罗斯人说，那是革命；对美国人说，我已经给他上了保险。"

这只是则笑话，捧腹之余，不难引发我们关于各国文化差异的思索。从中可以看出，要针对不同的对象，选取不同的应对措施，切不可盲从。

前几年的流行事物中最令人惊讶的是人们对于山地自行车的盲目青睐。该车型适宜爬山坡和崎岖不平的路面，对于平坦的都市马路毫无用处。山地车骨架异常坚实沉重，车把僵硬别扭，转向笨拙迟缓，根本无法对都市复杂的交通做出灵巧的应变。一天折腾下来，腰酸背痛，加上尖锐刺耳的刹车声，真是一个中看不中用的东西。放着好端端的轻便车或跑车不骑，却要弄上一辆如此蠢拙之物，好像一个人丢下良马，偏要骑笨牛一样。时髦先生们头戴耳机，腰挎"随身听"，脚踩山地车，一身牛仔服，表面上自我感觉良好得一塌糊涂，然而，这份潇洒的背后，却有许多无奈。

若把时髦比喻成一座令人心旌摇荡的山峰，山地车的功能便昭然若揭了。追赶时尚，大约就像骑那山地车一样，即便累个半死，也是心甘情愿。究其根源："为什么这样？"必答曰："别人都这样！"

盲从的人误以为："看我多机灵，不落后于他人，别人刚这么做，我就也这么做了。"盲从的人失去了原则，往往给自己带来损失或伤害。而要想在生活中、事业上有所成就，就必须摆脱盲从众人的不良习惯，善于用自己的头脑思考问题，作出正确的人生选择。

第七章

不绝望，就会有希望

bu juewang jiuhui you xiwang

会努力，才会有未来

 **你不放弃自己，世界就不会放弃你**

这个世界上没有那么多"不可能"，真正顽强的生命总是不肯屈服于命运，而是用自己的努力来战胜它。

1940年6月23日，在美国一个贫困的铁路工人家庭，一位黑人妇女生下了她第20个孩子,这是个女孩,取名威尔玛·鲁道夫。众多的孩子让这个贫困的家庭捉襟见肘，连怀孕的母亲也常常饿肚子，孕妇营养不良使得威尔玛成为早产儿，这就注定了威尔玛先天性发育不良。

4岁那年，威尔玛不幸同时患上了双侧肺炎和猩红热。在那个年代，肺炎和猩红热都是致命的疾病。母亲每天抱着小威尔玛到处求医，医生们都摇头说难治，她以为这个孩子保不住了。然而，这个瘦小的孩子居然挺了过来。威尔玛勉强捡回来一条命，她的左腿却因为猩红热引发的小儿麻痹症残疾了。从此，幼小的威尔玛不得不依靠拐杖来行走。每当看到邻居家的孩子追逐奔跑时，威尔玛的心中总是非常沮丧。

在她生命中那段灰暗的日子里，母亲不断地鼓励她，把许多心血倾注在这个不幸的小女儿身上。母亲的鼓励给了威尔玛希望的阳光，威尔玛曾经对母亲说："我有个梦想，不知道能不能实现。"母亲问威尔玛的梦想是什么。威尔玛坚定地说："我想比邻居家的孩子跑得还快！"母亲虽然一直不断地鼓励她，可此时还是忍不住哭了，她知道孩子的这个梦想很难实现。

坚强的母亲没有放弃希望，母亲每天坚持为威尔玛按摩，还不断地打听治疗小儿麻痹症的方法。

奇迹终于出现了！威尔玛9岁那年的一天，她扔掉拐杖站了起来。母亲一把抱住自己的孩子，泪如雨下。4年的辛苦和期盼终于有了回报！

威尔玛11岁之前还是不能正常行走，每天穿着一双特制的钉鞋练习走路。开始时，她在母亲和兄弟姐妹的帮助下一小步一小步地行走，渐渐地能穿着钉鞋独自行走了。11岁那年的夏天，威尔玛看见几个哥哥在院子里打篮球，她一时看得入了迷，看得自己心里也痒痒的，就脱下笨重的钉鞋，赤脚去和哥哥们玩篮球。一个哥哥大叫起来："威尔玛会走路了！"那天她开心地赤脚在院子里走个不停，仿佛要把几年里没有走过的路全补回来似的。

13岁那年，威尔玛决定参加学校举办的短跑比赛。学校的老师和同学都知道她曾经得过小儿麻痹症，此时腿脚仍不太利索，便都好心地劝她放弃比赛。威尔玛决意要参加比赛，老师只好通知她母亲，希望母亲能好好劝劝她。然而，母亲却说："她的腿已经好了。让她参加吧，我相信她可以的。"事实证明母亲的话是正确的。

比赛那天，母亲也到学校为威尔玛加油。威尔玛凭着惊人的毅力，一举夺得100米和200米短跑的冠军，震惊了校园，老师和同学们都对她刮目相看。从此，威尔玛爱上了短跑运动，参加一切短跑比赛，并总能获得不错的名次。同学们不知道威尔玛曾经不太灵便的腿为什么一下子变得那么神奇，只有母亲知道女儿成功背后的艰辛。为了实现比邻居家的孩子跑得还快的梦想，坚强而倔强的女儿每天早上坚持练习短跑，直练到小腿发胀。

在 1956 年的奥运会上，16 岁的威尔玛参加了 4×100 米的短跑接力赛，并和队友一起获得了铜牌。1960 年，威尔玛在美国田径锦标赛上以 22 秒 9 的成绩创造了 200 米的世界纪录。在当年举行的罗马奥运会上，威尔玛迎来了她体育生涯的巅峰。她参加了 100 米、200 米和 4×100 米接力比赛，接连获得了 3 块奥运金牌。

从威尔玛的事迹中我们可以感悟到，逆境并不可怕，只要我们学会去拼搏，逆境反倒会成为磨砺我们意志的试金石。只要我们在逆境中不屈不挠地奋斗下去，我们必将步出生命的低谷，迎来灿烂的人生。

生活中，有些人一遇到挫折就灰心丧气、意志消沉，甚至用死来躲避厄运的打击。但是生比死更需要勇气，死只需要一时的勇气，生则需要一世的勇气。

一些人被挫折击败的主要原因之一就是他们自认为可以被打败。而克服困难的一个最大的诀窍就是永远不放弃希望，相信自己可以击败困难。换句话说，你必须比所遇到的困难更高、更壮才行。

用乐观的态度自救

1939 年，德国军队占领了波兰首都华沙，此时的卡亚和他的女友迪娜正在筹办婚礼。卡亚做梦都没想到，他会在光天化日之下被纳粹推上卡车运走，关进了集中营。卡亚在不断的摧残和折磨中，陷入了极度的恐惧和悲伤。

一位一同被关押的老人对他说："孩子，你只有活下去，才能与你的未婚妻团聚。记住，要活下去。"卡亚冷静下来，他下定决心，无论日子多么艰难，一定要保持积极的精神和情绪。

所有被关在集中营的人，他们每天的食物只有一块面包和一碗汤。许多人在饥饿和酷刑的双重折磨下精神失常，有的甚至被折磨致死。卡亚努力控制和调适着自己的情绪，把恐惧、愤怒、悲观、屈辱等抛到脑后，虽然他骨瘦如柴，但精神状态却很好。

5年后，集中营里的人数由原来的4 000人减少到不足400人，许多人忍受不了长期的苦役和饥饿，最后死于茫茫雪原之上。在这人间炼狱中，卡亚奇迹般地活下来了。他不断地鼓舞自己，靠着坚忍的意志力，维持着衰弱的生命。

1945年，盟军攻克了集中营，解救了这些饱经苦难的人们。卡亚活着离开了集中营。

若干年后，卡亚把他在集中营的经历写成一本书。他在前言中写道："如果没有那位老者的忠告，如果放任恐惧、悲伤、绝望的情绪在我的心间弥漫，很难想象，我还能活着出来。"

是卡亚用积极乐观的情绪救了自己。很多时候，一个人的苦乐成败，不在于外物的左右，而在于自己的心态和看待世界的角度。如果你用悲观的态度对待生活，你的生活就会暗无天日；如果你用乐观的态度面对人生，你就会发现，生活其实到处存在着生机。

不想认命，那就咬牙拼命

著名企业家迈克尔出身贫寒，在从商之前，他曾是一家酒店的服务生，干的就是替客人搬行李、擦车的活儿。

有一天，一辆豪华的劳斯莱斯轿车停在酒店门口，车主人吩咐一声："把车洗洗。"迈克尔那时刚刚中学毕业，还没有见过世面，从未见过这么漂亮的车子，不免有几分惊喜。他边洗边欣赏这辆车，擦完后，忍不住拉开车门，想上去享受一番。这时，正巧领班走了出来。"你在干什么？穷光蛋！"领班训斥道，"你不知道自己的身份和地位吗？你这种人一辈子也不配坐劳斯莱斯！"

受辱的迈克尔从此发誓："这一辈子我不但要坐上劳斯莱斯，还要拥有自己的劳斯莱斯！"他的决心是如此强烈，以至于这成了他人生的奋斗目标。许多年以后，当他事业有成时，果然买了一部劳斯莱斯轿车！

如果当初迈克尔也像领班一样认定自己的命运，那么，也许今天他还在替人擦车、搬行李，最多做一个领班。

霍兰德说："在最黑的土地上生长着最娇艳的花朵，那些最伟岸挺拔的树木总是在最陡峭的岩石中扎根，昂首向天。"高普更是一语道破天机，他说："并非每一次不幸都是灾难，早年的逆境通常是一种幸运，与困难作斗争不仅磨炼了我们的人生，也让我们为日后更为激烈的竞争准备了丰富的经验。"

每个人都不卑微，都具有特殊才能，每个人都应该尽量地灵活运用自己的这项特殊才能。有很多人以为自己所具有的这项才能只是一些难登大雅之堂的"小玩意儿"，根本不曾想过利用这些"小玩意儿"来体现自身的价值。而杰出人士正是因为勤于思考，善于发掘利用自己的才能，才获得了很大的成功。

不懈追求才能羽化成蝶

有一条毛毛虫，它一缩一伸，一伸一缩，终于爬上了一片树叶，从这里它能观望四周昆虫们的活动。

它好奇地看着它们唱呀，跳呀，跑呀，飞呀，一个比一个来劲儿。在它的身边，一切生命都尽情地展现着它们的活力。可就只有它，可怜巴巴的，没有清脆响亮的歌喉，天生不会跑、不会飞，它只能蠕动着，连这样一点点的移动都深感不易。当毛毛虫艰难地从一片叶子爬到另一片叶子上，它觉得它似乎走了漫漫征程，周游了整个世界。它过得虽然这样艰难，可它从来不抱怨自己命运不好，也从不嫉妒那些活蹦乱跳的昆虫们。

它知道，昆虫各有各的不同。它呢，只是一条毛毛虫，当务之急是学会吐出细细亮亮的柔丝，好用这些细丝编织起一个结结实实的茧子来。

毛毛虫没有时间胡思乱想，它得使劲儿干，在有限的时间里把自己从头到脚严密地包裹在一个温暖的茧子里。

"那么接着我该做什么呢？"它在与世隔绝的全封闭的小茧屋里自问道。

"该做的事会一件一件来的！"它仿佛听到有人在回答它，"耐着点儿性子吧，马上就会知道下一步该做什么了！"

终于，它熬到了清醒的时候，发现自己已经不再是从前那条行动笨拙的毛毛虫。它灵活地从小茧屋中爬出来，摆脱了那个狭小的天地，此时，它惊喜地看到自己已经长出了一对轻盈的翅膀，五色斑斓，鲜丽可爱。它快活地扇了扇，它的身子简直像羽毛一样轻盈。于是它翩翩地从这片叶子上飞起，在那片叶子上落下，飘飘逸逸，融入蔚蓝的雾霭之中。

在现实生活中，很多人企图不劳而获、坐享其成，结果都为此付出了惨重的代价，或越来越贫穷，或走上了邪路。天上不会掉馅饼，想要收获，就必须付出自己的努力。当我们看到美丽的蝴蝶时，不要忘记这是丑陋的毛毛虫付出了艰苦努力的结果！

世界只看结果，才不在乎你走多少弯路

一位成功人士说得好："失败意味着你尚未达到追求的目标，或者是离目标远了一些。就像在追求过程中摔了一跤，或在山路上打了个滑儿，摔跤和打滑儿并不能说明全部，只是说明前进暂

时受阻。但这种受阻很可能只是一个小小的插曲，它只会使你未来的胜利和成功更刺激、更有价值。"

然而，许多失败者的悲哀，往往在于失败后缺乏足够的智慧和勇气，跳不出习惯性的误导，总是自觉不自觉地在同一条路上前行。这些人一想到改变，同时就会想到一系列可能出现的困难，甚至很棘手的困难，于是，就在老路上越走越远，离成功也越来越远。

其实，失败在很大程度上标示着人生的一个新的起点，许多人正是在遭到失败后，才爆发出前所未见的潜力，成就前所未有的事业。

玫琳·凯在美国可谓家喻户晓，然而在创业之初，她历经失败，走了不少弯路。但她从来不灰心、不泄气，最后终于成为一名大器晚成的化妆品行业的"皇后"。

20世纪60年代初期，玫琳·凯已经退休回家，可是过分寂寞的退休生活使她突然决定冒一冒险。经过一番思考，她把一辈子积蓄下来的5000美元作为全部资本，创办了玛丽化妆品公司。

为了支持母亲实现"狂热"的理想，两个儿子也"跳往助之"，一个辞去一家月薪480美元的人寿保险公司代理商工作，另一个也辞去了休斯敦月薪750美元的职务，加入母亲创办的公司，宁愿只拿250美元的月薪。玫琳·凯知道，这是背水一战，是在进行一次人生中的大冒险，弄不好，不仅自己一辈子辛辛苦苦的积蓄将血本无归，而且还可能葬送两个儿子的美好前程。

在创建公司后的第一次展销会上，她隆重推出了一系列功效奇特的护肤品。按照原来的想法，这次活动会引起轰动，一举成功。可是，"人算不如天算"，整个展销会下来，她的公司只卖出去15美元的护肤品。

意想不到的残酷现实使她失声痛哭……

在残酷的事实面前，玫琳·凯不禁失声痛哭，而在哭过之后，她反复地问自己："玫琳·凯，你究竟错在哪里？"

经过认真的分析，她终于悟出了一点：在展销会上，她的公司从来没有主动请别人来订货，也没有向外发订单，而是希望女人们自己上门来买东西……难怪在展销会上有如此的后果。

玫琳擦干眼泪，从第一次失败中站了起来，在抓生产管理的同时，加强了销售队伍的建设……

经过20年的苦心经营，玫琳·凯化妆品公司由初创时的雇员9人发展到后来的5000多人，由一个家庭公司发展成为一个国际性的公司，拥有一支20万人的推销队伍，年销售额超过3亿美元。

玫琳·凯终于实现了自己的梦想。

已经步入晚年的玫琳·凯能创造如此的奇迹，并不是上天的怜悯，而是由于她面对挫折时永不服输的精神。失败很常见，但失败之后，不"偃旗息鼓"，不被困难击倒，不向命运屈服，那么你的人生路上定会绽放无数的成功之花。

运用积极的自我暗示

心理学家认为，潜意识就像一块肥沃的土地，如果不在上面播种成功的种子，就会野草丛生，一片荒芜。积极的心理暗示可以自动地把成功的种子和创造性的思想播入潜意识的沃土里。经常进行积极自我暗示的人，在挫折面前看到的是成长的机会和希望；而经常进行消极自我暗示的人，在希望和机会面前看到的却是问题和困难。

自我暗示所形成的意识，决定了一个人能否成功。如果你希望自己成为一名成功人士，就不要忘记自我暗示这个法宝，运用它使自己鼓足勇气，摆脱失败，走向胜利。

1832 年，有一个年轻人失业了。而他却下决心要当政治家，当州议员，糟糕的是他竞选失败了。在一年里遭受两次打击，这对他来说无疑是痛苦的。但是他并没有气馁，他告诉自己，失败只是暂时的，只要努力，成功一定会降临到他的身上。他又着手办自己的企业，可一年不到，企业就倒闭了。在以后的 17 年里，他不得不为偿还债务而四处奔波、历尽磨难。

此间，他再一次决定竞选州议员，这次他终于成功了。他认为自己的生活可能有了转机。可就在离结婚还差几个月的时候，他的未婚妻不幸去世。他心力交瘁，卧床不起，患上了严重的神经衰弱症。

1838 年，他觉得身体稍稍好转时，又决定竞选州议长，却失败了；1843 年，他又竞选美国国会议员，但这次仍然没有成功……

试想一下，如果是你处在这种情况下会不会放弃努力呢？他一次次地尝试，一次次地失败。企业倒闭，未婚妻去世，竞选败北，要是你碰到这一切，你会不会放弃，放弃你的梦想？他没有放弃，尽管灾难一次次降临到他的身上，他始终积极地坚强地面对生活。他始终告诉自己，尽管现实很残酷，但只要你不认输，你就一定能够扭转局面！1846年，他又一次竞选国会议员，终于当选了。

在以后的日子里，他仍在失败中奋起，一次又一次地努力，最后，1860年，他当选为美国总统。他就是亚伯拉罕·林肯。

林肯一直没有放弃自己的追求，一直在做自己生活的主宰，他以积极的自我暗示，为自己迎来了辉煌的人生。他以自己的经历告诉我们：成功不仅是运气和才能的问题，关键在于适当的准备和不屈不挠的决心。面对困难，不要退却，不要逃避，保持积极乐观的心态，你的心灵将永远不会被风雪覆盖。只要你能在困境中积极暗示自己，你必将唤醒巨大的潜能，去开创崭新的人生。

 ## 成功就是爬起比跌倒的次数多一次

一件事情上的失败绝不意味着你的整个人生都是失败的，失败只是暂时的受挫，不要把它当成生死攸关的问题。不要被失败所困，花点时间找出失败的原因，并从中汲取教训。如果你不能摆脱失败的阴影，那么你将会裹足不前。相反，如果你永远保持积极的心态，你将会离成功更近一些。

爱迪生从自己"屡败屡战"的经历中总结出一条宝贵的经验。

他说："失败也是我需要的，它和成功一样对我有价值。只有在我知道一切做不好的方法以后，我才知道做好一件工作的方法是什么。"从这个意义上，我们应该认识到挫折和险境未必不是机遇，我们不仅要把成功视为珍宝，也要把失败看作财富。

失败也是对人的意志的严峻考验。不明智的人，在成功面前就会骄傲自满；清醒的人，在失败面前更能锻炼自己的意志。我们在逆境中的表现是我们成熟与否和气质优劣的最好检验。真理在燧石的敲打下闪闪发光，失败就是锤炼人意志的燧石。那些献身于人类伟大事业的创造者，在接连不断的挫伤和失败面前，不但没有被压倒，反而变得更加坚强，表现出了坚定不移、向着既定目标前进的英雄气概。

失败是生活的一个组成部分，是有所进取、求变创新和参与竞争的过程中一个正常的组成部分。只要你进取，就必然会有失误；只要你还活着，就绝不是彻底失败！既

然如此，失败又有什么可怕呢？

掌握反败为胜的诀窍

对于志向高远、坚忍不拔的人来讲，失败只是意味着自己尚未成功。反败为胜，奋起努力，铸造新的辉煌是每一位有梦想、有抱负的人士必须掌握的一项技能。

1. 专注于自己的优势

一位有名的成功学家曾经花了十几年的时间研究，发现成功者的成功路径各不相同，但有一点却是相同的——就是扬长避短。

著名效率专家博恩·崔西说："人们并不会在事情被搞砸时大惊小怪，倒是会称颂、惊叹那些偶然做出的美好、正确的事。"能力不足是极为正常的，每个人的长处都只在某个方面。如果你想要成为一名成功人士，就应该专注于自己的长处，并努力培养它，这才是自己时间、精力和资源投资的正确方向。

2. 虚心求教

凡是成大事者都有这种乐于征询他人意见的好习惯。一个聪明、有所作为的大人物，要善于利用各种方法使人主动向他提供意见，并且善于审查这些意见，从中摘取有益于自己的加以利用。

美国早期政界名人路易斯·乔治，治理政务也以精明周密而著称，但是他对于自己的学问还是常感怀疑。每当他做好了财政预算送交议会审核之前，都会和几位财政专家聚首商议，即使一些极细微的地方，也不肯放过。他的成功秘诀可以一言以蔽之，就是"多多求教于人"。

3.坚持到底

罗薇尔太太是美国房地产业著名的房产推销冠军，她开始从事房地产销售第一年，一栋房子也没有卖出去，她感到万念俱灰。这时，公司举办了一个为期 5 天的销售课程，从那以后，她连续8 年成为世界房地产销售冠军。她说了一句令人深省的话："成功者绝不放弃，放弃者绝不成功。"

除了自己，你没有其他任何依靠

一个村夫独自去山上，遭到一只秃鹰的袭击。秃鹰猛烈地啄着村夫，将他的鞋子和袜子撕成碎片后，便狠狠地啃起村夫的双脚。

这时有一位打柴人经过，看见村夫鲜血淋漓地忍受痛苦，不禁驻足问他："为什么要忍受秃鹰的啄食呢？"

村夫回答："实在没有办法啊。这只秃鹰刚开始袭击我的时候，我曾经试图赶走它，但是它太顽强了，几乎抓伤我的脸颊，因此我宁愿牺牲双脚。啊，我的脚差不多被撕成碎屑了，真可怕！"

打柴人说："你只要一枪就可以结束它的生命呀。"

村夫听了，尖声叫嚷："真的吗？那么你助我一臂之力，好吗？"

打柴人回答："我很乐意，可是我得去拿枪，你还能支撑一会儿吗？"

在剧痛中呻吟的村夫，强忍着被撕扯的痛苦说："无论如何，我会忍下去的。"

于是打柴人飞快地跑去拿枪。但就在打柴人转身的瞬间，秃鹰突然拔身冲起，在空中把身子向后拉得远远的，以便获得更大的冲力，然后如同一根标枪般，把它的嘴向着村夫的喉头深深啄去。村夫终于等不及援助，扑倒在地。

如果说在这个世界上，只有一个人能帮助你，那个人就是你自己。面对困境，你只有勇敢自救，才能掌控人生的航向，主宰自己的命运。如果你把希望寄托在别人身上，被动消极地等待别人的救助，你无异于把自己的命运交由他人或"上帝"摆布，那么你的一切都不会由你说了算。

困境中勇敢自救

在困境中不要有等待他人援助的心理，要学会自己拯救自己。依赖他人的心理会使你消极怠工，让你陷入更危险的境地。

一头驴子不小心掉进一口枯井里，它哀怜地叫喊、求救，期待主人把它救出去。驴子的主人召集了数位乡邻出谋划策，却想不出好办法，大家倒是认定反正驴子已经老了，"人道毁灭"也不为过，况且这口枯井迟早也会被填上。

于是，人们拿起铲子开始填井。当第一铲泥土落到枯井中时，驴子叫得更响了，它显然明白了主人的意图。

又是一铲泥土落到枯井中，驴子出乎意料地安静了，人们发现，此后每一铲泥土打在它背上的时候，驴子都会做一件令人惊奇的事情：它努力抖落背上的泥土，踩在脚下，把自己垫高一点。

人们不断把泥土往枯井里铲，驴子也就不停地抖落那些打在背上的泥土，使自己再升高一点。就这样，驴子慢慢地升到了枯井口，在人们惊奇的目光中，从从容容地走出枯井。

这则故事给我们3个启示：第一，假若你现在正身处枯井中，求救的哀鸣换来的也许只是埋葬你的泥土。那么，驴子教会我们走出绝境的秘诀，便是拼命抖落打在背上的泥土，把本来用来埋葬你的泥土变为拯救自己的泥土，即将不利因素转化为有利因素；第二，无论绝望与死亡如何惊天动地，有时候要走出"枯井"也就这么简单；第三，驴子走出枯井时的从容，应该说是现代人，尤其是从困境中走出来的人，在面向未来时，应该达到的一种境界。

"求人不如求己"，凡事都依靠自己的人，也就能够从容地把握自己的人生。你的命运你做主，不要妄想有其他人来替你做主，依靠自己才是最明智的选择。

赢也很简单，只要坚持不认输

苦难是孕育智慧的摇篮，它不仅能磨炼人的意志，而且能净化人的灵魂。如果没有那些坎坷和挫折，人绝不会有这么丰富的内心世界。苦难能毁掉弱者，也能造就强者。有这么一个硬汉，在种种逆境中凭着一股顽强的斗志硬是渡过了所有的难关，并最终成就了一番事业。

这个人就是美国杰出的小说家、诺贝尔文学奖获得者海明威。

1899年7月21日，海明威出生于美国伊利诺伊州芝加哥市郊的橡树园镇。他10岁开始写诗，17岁时发表了他的小说《马尼托的判断》。上高中期间，海明威在学校周刊上发表了不少作品。

14 岁时，他学习过拳击。第一次训练，海明威被打得满脸鲜血，躺倒在地。但第二天，海明威还是裹着纱布来了。20 个月之后，海明威在一次训练中被击中头部，伤了左眼，这只眼睛的视力再也没有恢复。

1918 年 5 月，海明威志愿加入赴欧洲红十字会救护队，在车队当司机，被授予中尉军衔。7 月初的一天夜里，他的头部、胸部、上肢、下肢都被炸成重伤，人们把他送进野战医院。他的膝盖被打碎了，身上中的炮弹片和机枪弹头多达 230 余个。他一共做了 13 次手术，换上了一块白金做的膝盖骨。有些弹片没有取出来，到去世时仍留在体内。他在医院躺了 3 个多月，接受了意大利政府颁发的十字军勋章和勇敢勋章，这一年他刚满 19 岁。

1929 年，海明威的《永别了，武器》问世，作品获得了巨大的成功。成功后的海明威便开始了他新的冒险生活。1933 年，他去非洲打猎和旅行，并出版了《非洲的青山》一书。1936 年，他写成了短篇小说《乞力马扎罗的雪》和《麦康伯短暂的幸福生活》。

1939 年，他完成了他最优秀的长篇小说《丧钟为谁而鸣》。

日本偷袭珍珠港后，海明威参加了海军，他以自己独特的方式参战，改装了自己的游艇，配备了电台、机枪和几百磅炸药，到古巴北部海面搜索德国的潜艇。

1944 年，他随美军在法国北部诺曼底登陆。他率领法国游击队深入敌占区，获取大量情报，并因此获得一枚铜质勋章。

他靠着顽强的性格战胜了一切在常人看来是不可能战胜的困难和挫折。就在他生命的最后，海明威鼓足力量，做了最后的冲刺。1952年发表的中篇小说《老人与海》给他带来了普利策文学奖和诺贝尔文学奖的崇高荣誉。《老人与海》中的老人是海明威最后的硬汉形象。那位老人遇到了比不幸和死亡更严峻的问题——失败。老人拼尽全力，只拖回一具鱼骨。"一个人并不是生来就要给打败的，你尽可以消灭他，可就是打不败他。"这是老人的话，也是海明威人生的写照。

成功的人有着顽强拼搏的性格，这种顽强的精神让他们在困难和挫折面前不会消沉、不会堕落，反而让他们越挫越勇，最后成为"真的猛士"，并在历经艰难险阻、风风雨雨后收获了一片属于自己的阳光。

磨砺坚忍的意志

坚忍，是克服一切困难的保障，它可以帮助人们成就事业，实现理想。

有了坚忍，人们在遇到大灾祸、大困苦的时候，就不会无所适从；在各种困难和打击面前，就能顽强地生存下去。世界上没有其他东西可以代替坚忍，它是唯一的，也是不可缺少的。

以坚忍为资本从事事业的人，他们所取得的成功，比以金钱为资本的人更大。许多人做事有始无终，就因为他们没有足够的坚忍力，使他们无法达到最终的目的。一个伟大的人，一个有坚忍力的人却绝非这样，他不管情形如何，总是不肯放弃，不肯停止，失败之后，他会含笑而起，以更大的决心和勇气继续前进。

一个希望获得成功的人，要不停地问自己："你有耐心、有坚忍力吗？你能在失败之后，仍然坚持吗？你能不顾任何阻碍，一直前进吗？"

你只有充分发挥自己的天赋和本能，才能找到一条通往成功的通天大道。一个下定决心就不再动摇的人，无形之中能给人一种最可靠的保证，他做起事来一定肯负责，一定有成功的希望。因此，我们做任何事，事先应确定一个目标，之后，就千万不能再犹豫了，应该遵照已经定好的计划，按部就班地执行，不达目的绝不罢休。举个例子来说：一位建筑师打好图样之后，若完全依照图样，按部就班地去动工，一座理想的大厦不久就会成为实物。倘若这位建筑师一面建造，一面又把那张图样东改一下，西改一下，试问，这座大厦还有建成之日吗？成功者的特征是：绝不因受到任何阻挠而颓丧，只知道盯住目标，勇往直前。

获得成功有两个重要的前提：一是坚决，二是忍耐。人们最相信的就是意志坚强的人，当然意志坚强的人有时也许会遇到艰难，碰到挫折，但他绝不会在失败面前一蹶不振。

如何培养坚忍的意志？很简单，只要你确定人生的目标，专注于你的目标，那么你所有的思想、行动及意念都会朝着那个方向前进。而当你在前进的途中遭遇困难和障碍时，只要你能保持一颗永不放弃的决心，你的意志力就会不断增强，它将协助你冲破人生的重重障碍，直抵成功的彼岸。

第八章

跟对人，做对事，努力才有价值

你的形象决定你的身价

西方有句俗语："你就是你所穿的！"（You are what you wear!）这也是人类无法改变的天性。在远古时代服装最基本的功能是御寒，遮裸是人类有了文明的标志。在有了阶级的社会里，尤其在现代社会，它的最大功能是自我展示和表现成就的工具。这也是为什么很多成功人士不惜花费大量的时间和金钱选择那些能让他们展现出最好风姿和成就的服饰。服饰在无声地帮助你交流、沟通，传递你的信息，告诉人们你的社会地位、个性、职业、收入、教养、品位、发展前途，等等。

在一次形象设计的调查中，76%的人根据外表判断人，60%的人认为外表和服装反映了一个人的社会地位。毫无疑问，形象在视觉上传递你所属的社会阶层的信息，它也能够帮助人们建立自己的社会地位。在大部分社交场所，你要看起来属于这个阶层的人，就必须穿得像这个阶层的人。正因如此，很多豪华高贵的国际品牌的服饰，虽然价格高得惊人，却不乏出手不眨眼的消费者。人们把优秀的服饰与优质的人、不菲的收入、高贵的社会身份、一定的权威、高雅的文化品位等相联系。穿戴出色、得体、高质地的服饰往往意味着事业上有卓越的成就。

我们不妨想一想自己身边的人，那些形象不凡而出众的人，自然会让我们另眼相看。而对于那些形象不佳、衣衫不整的人，我们可能会低估他们的能力和品位。形象在事业上的作用不但不可忽略，而且相当重要。无论选择雇员还是提升职员，如果面临着竞争，我们可能更容易倾向于那个形象出色者。庄重而有品位的形象能够赢得我们的信任。

在这个世界上只有一件东西能够给予一个人真正而持久的力量，那就是一个人的魅力。个人魅力是你成功的没有理由的理由，是最让人不服气的，同时，又是最让人服气的。今天我们提起那些历史上的著名人物，几乎很少就事论事地讨论他们的功绩，我们津津乐道的，是他们的魅力。魅力几乎比功劳更持久。而魅力最直观的表现就是你的外在形象。你的形象，从某种意义来说，成了通往成功的门票。如果你想成为一个具有重大影响力的人，先做一个有魅力的人吧，用心为自己设计一个最佳的形象。

以不修边幅著称的"软件英雄"比尔·盖茨越来越注重自己的形象，他曾经请专家对自己的形象进行设计、包装与宣传。

有一次，他将要在拉斯维加斯发表演讲。但是，演讲并不是盖茨的长处。为了使自己以更好的形象出场，使自己的演讲产生更大的影响力，比尔·盖茨专门请来了演讲博士杰里·韦斯曼为自己的演讲作指导。杰里·韦斯曼在演讲辅导方面是一位专家，经验非常丰富，曾经帮助几个电子公司的高层经理克服对演讲的恐惧感。他从盖茨的演讲词到手势、表情，都做了重新设计，他们在一起排练了 12 个小时。盖茨演讲时，熟悉盖茨的人都非常吃惊。只见盖茨一改往日懒散随意的形象，穿了一套昂贵的西服，他那尖锐的嗓音虽然无法改变，但丝毫没有影响到他的演讲。结果这场主题为《信息在你的指尖上》的演讲传遍美国，获得了巨大的成功。而盖茨的形象魅力值也迅速得到提升。

富有魅力的形象，在一遍一遍向你周围的人们传递这样一个信息："此人是一个重要人物。他很可靠、实力雄厚、地位不可小视，我们都应该尊重他、仰慕他、信赖他。"而人们似乎也听从了、认可了。你也许什么都没做，就已经在人们心中获得了一定的地位。

因此，虽然不能说形象决定成功，但成功与形象之间一定是相互促进的。你越成功，你的形象便越有影响力；你的形象越魅力十足，你也就越容易走向成功。

每当看到那些小有成就却形象乖戾的人时，我们都免不了替他觉得惋惜，不能改善形象的成功就不是成功。这样的人只能成功地做成某些事，而形象魅力十足的人成就了他自己。只有成功一次接一次地到来，你的形象才能长葆魅力。而有了超强的魅力，你会发现，成功已成为你生命中的一部分，成功已经成为一种习惯。拥有美好形象的人才会受人拥戴。

做事的"心机"有时就体现在对一些细节的关注上。一个人的第一印象往往会给对方留下很深的烙印。如果你在第一次交往中给别人留下了一个好印象，别人就乐于跟你进行第二次交往；相反，如果你在第一次交际中表现不佳或很差，往往很难挽回。所以，务必注意你第一次跟人打交道时的"第一印象"。

人的仪态和风度全面地反映了一个人的素质、受教育的程度及能够被人信任的程度。一个人举止端庄文雅，落落大方，就能给人以深刻良好的形象。培根有句名言："相貌的美高于色泽的美。"仪表是展示自己才华和修养的重要外在形态。要想有良好的形象，就必须注意穿着打扮、行为举止及自身素质的提高，从而使你的形象在交往中光彩夺目。

打造美好形象全攻略如下：

1. 创造最佳第一印象

首先，要注意保持衣服的整洁与卫生。饰品精致、有品味，穿着得体，修饰到位，这样才会给人一种清新、健康的良好印象。

其次，保持良好的精神面貌。即使心情不佳，也不要表现出愁眉苦脸的样子，让自己显得萎靡不振。毕竟，伸手不打笑脸人，总是将美丽的笑容挂在脸上，就算是再冷漠的人肯定也会被你融化。

2. 庄重、成熟是基本守则

在办公室中，装扮轻佻、夸张会给人以不诚实的印象，无法令人予以充分的信任。而穿戴庄重、成熟却能给大众一种稳定的正面印象，是对自我进取心与责任感的一种说明和强调。一般情况下，西装给人一种庄重的感觉，为了体现出自己沉稳与成熟的一面，最好选择蓝色，或是深蓝色，或者灰色西服，然后再配上相应色彩的领带和黑色鞋袜。这样的穿着不但容易让人产生一种信赖感，同时，也可以表现出你成熟的魅力与沉稳的个性。尤其是在一些重要的交际场合，切记不要穿得过分休闲，这样会给人一种没有职业品味，不严肃、不庄重的印象。

3. 彰显个人魅力

（1）超越名牌思维。时装的作用不只是装饰，还是个人性格、品味的体现。现在，已经有越来越多的人放弃了堆砌华丽的穿着习惯，而以简约为时尚。

（2）打扮应注重个性。要想充分体现自己的个性，就要在穿着上显露出独特性，表现出与众不同的气质。许多成功人士，不论他们来自哪个地方，对衣着的要求几乎惊人地一致，就是让衣着除了感觉舒适之外，还能够提升他人对自己的肯定。

（3）不盲目抄袭别人。"我清楚地知道自己适合穿什么，所以不会浪费时间试试这个，试试那个。"现在，许多人都想塑造"自我形象"，但是，他们对时装的了解却甚少，往往在穿着上埋没了个人的风格，错过了真正意义上的自我展现。照单全收只会弄巧成拙。在塑造个人形象时，必须了解自己的个性特点，发挥自身优势，让缺陷尽量变得不明显。你所要呈现给别人的，正是你身上最好的、最闪亮的地方。

有些光环很美，却必须拱手让人

永远不要显得过于完美，不要太过高估自己。当你自认为比所有人都更有光彩的时候，觉得所有人在你面前都抬不起头的时候，麻烦也就到来了……

颖考叔就属于那种不够老练成熟的人，自视"完美"让他枉送性命。

郑庄公准备伐许。战前，他先在国都组织比赛，挑选先行官。

众将一听露脸立功的机会来了，都跃跃欲试，准备一显身手。

颖考叔与公孙子都都是有名的武将，二人在前几项比赛中过关斩将，无论是击剑还是射箭，都激起台下一片叫好声。

两人顺利杀入决赛，郑庄公派人拉出一辆战车来说："你们二人站在百步开外，同时来抢这部战车。谁抢到手，谁就是先行官。"公孙子都跑了一半时，脚下一滑，跌了个跟头，等爬起来时，颖考叔已抢车在手。公孙子都哪里服气，拔腿就来夺车。颖考叔一看，拉起车飞步跑去。郑庄公忙派人阻止，宣布颖考叔为先行官。公孙子都怀恨在心。

颖考叔果然不负郑庄公之望，在进攻许国都城时，手举大旗率先从云梯上冲上许都城头，那一马当先的气势让其他将领相形见绌。眼见颖考叔大功告成，公孙子都嫉妒得心里发疼，竟抽出箭来，搭弓朝城头上的颖考叔射去，"完美"的颖考叔没能挡住这突如其来的暗箭，被射中心窝，从城上栽下来。另一位大将瑕叔盈以为颖考叔被许兵射中阵亡了，忙拿起战旗，又指挥士卒攻城，终于拿下了许都。

有时过度显露自己的完美会招来他人的忌恨，无异于自取灭亡。作为一个有才华的人，要做到不露锋芒，懂得谦虚待人，在恰当的时刻，又能充分发挥自己的才华。不仅要说服、战胜盲目骄傲自大的心理，凡事不要太张狂、太咄咄逼人，更要养成谦虚让人的美德。无论你有怎样出众的才智，也一定要谨记：不要把自己看得太了不起，不要把自己看得太重要，不要把自己看成是救国济民的圣人君子，还是收敛起你的锋芒，多做实事，少讲虚言吧。

你有多幽默，就有多讨人喜欢

林语堂先生曾经说："幽默如从天而降的湿润细雨，将我们孕育在一种人与人之间友情的愉快与安适的气氛中。它犹如潺潺溪流或者照映在碧绿如茵的草地上的阳光。"幽默好比温润细雨，好比潺潺溪流，好比融融春光，它孕育着人与人之间愉快、祥和的气氛；幽默好比化学反应中的酸碱中和，常可以化干戈为玉帛，使剑拔弩张的双方相视一笑，握手言和。如果说人生犹如一架不断运作的机器，那么幽默就是它的润滑剂。

有一次，世界著名生物学家达尔文应邀赴宴，正好和一位年轻貌美的女士坐在一起。这位美人用戏谑的口气向达尔文提出质问道："达尔文先生，听说你断言人类都是由猴子变来的，那我也是属于你的论断之列吗？"达尔文漫不经心地回答道："那是当然的！不过你不是由普通猴子变来的，而是由长得非常迷人的猴子变来的。"

人类几乎是普遍地爱好谐趣，而越是智慧的人往往也最多地保留了幽默的能力。如果人懂得幽默的妙用，将会发现人生处处是愉悦的花朵。

幽默是人际交往中的钥匙

托马斯·卡莱尔曾说："你的幽默是你以愉悦表达自己的方式。它表达的是你的真诚、善意和爱心。"

会心地一笑，可以迅速缩短人与人之间的距离，可以说，幽默是比握手更文明的一大进步。

原始人见面握手，是表示他们手上不带武器；现代人见面握手，是表示我欢迎你，并尊重你。以幽默来打招呼，则是有力地表示我喜欢你，我们之间有着可以共享的乐趣。

即使在相当严肃的外交场合，幽默也可以缓解过于紧张的气氛。

法国已故总统戴高乐在会见某国总统时，还没有握手就说："啊，原来我的个子还没有你高，怎么样，当总统的滋味如何？"

那位总统有点拘束，说："你说呢？"

"不错，像吃了火药一样，总想放炮。"

一番对话使两位总统间的猜疑、戒备之心顷刻瓦解。

我国的幽默大师林语堂甚至说："在第一次世界大战前，如果各国都派幽默高手来谈判，那就可以避免第一次世界大战的发生了，因为各国都在嘲笑对方国家的短处。"

幽默是一种智慧的表现，具有幽默感的人到处都受欢迎，可以化解许多人与人之间的冲突或尴尬，往往能使人将怒气化为豁达，亦可带给人快乐，难怪有人说"笑"是两人间最短的距离。

看一些老式的港台电影，常会看到这种场景："嗯，我一定在哪儿见过你。一定见过！好面熟。"

"是吗？这不可能。"

"不，肯定的。即使在梦里，也可能见过你。"

虽然老套，却泛着温馨。

美国黑人律师约翰·罗克勤1862年发表反奴隶制演说，一登台便这样说：

"女士们、先生们——我到这里来，与其说发表讲话，还不如说是给这一场合增添一点点颜色……"

显然，黑人面对白人群众是"添"了点颜色，但除此还有言外之意，这里用的是双关引趣手法。

没有人会拒绝欢乐，如果你能把欢乐带给别人，你也就打开了人际交往中的那扇门，你将会如鱼得水，最终用幽默愉悦你自己。

幽默使你摆脱危机，化险为夷

有幽默感的人往往思路敏捷、反应迅速，即使是面对复杂的环境和场合，也能从容不迫地妙语惊人，终能化险为夷。

竞选这种唇枪舌剑的活动，对众人来说，精彩刺激，对竞选者本人来说，却犹如险象环生的杂技，绝不轻松。这时候，一个有幽默感的人会以自己独特的魅力去保护自己、赢得选举。

造谣中伤在美国总统的竞选中是常有的事。1800 年，约翰·亚当斯参加美国总统竞选时，他的妻子阿比盖尔·亚当斯为当时桃色丑闻的泛滥而忧心忡忡，担心丈夫会受到无中生有的攻击。共和党人指控亚当斯曾派竞选伙伴平克尼将军到英国去挑选四个美女做情妇。两个给平克尼，两个留给他自己。约翰·亚当斯听了哈哈大笑，说道："假如这是真的，那平克尼将军肯定是瞒过了我，全部独吞了！"

对这种内容庸俗无聊的造谣中伤，有时可以装作听不见，置之不理。但若是已流传开来，有损于形象人格时，就不能不认真对待了。说认真，不一定非得"较真儿"，像亚当斯这样以极幽默的语言方式作答，也不失为一种有效的还击方法。

试想一下，如果亚当斯听到攻击之后气急败坏、暴跳如雷、脸红脖粗，或辱骂对方的不义，也许真会"越抹越黑"了。

后来，幽默而有能力的约翰·亚当斯当选为美国历史上的第二任总统。

在 1980 年的美国总统竞选中，里根信心十足，成竹在胸，故意拿卡特那南方人的拖腔带调来制造幽默效果。有一回，他有意让卡特问他："罗纳，每一次——看到你骑马的照片，看上去——看上去你总要年轻些，这——是怎么回事啊？"里根学他的腔调回答道："吉米，大概——那是我——常常爱骑老马的缘故吧！"

假若把你的各种优良特质比作钻石的各个侧面，幽默感则是钻石直接面向观众的那一面，可以时时折射出智慧的光辉，能让你在瞬息之间摆脱令人尴尬的窘境。

幽默能让你忘记仇恨

著名演员英格丽·褒曼在谈及"幸福的秘史"时，不无幽默地说："幸福就是健康加上坏记性。"人生在世，不顺意的事太多，假若事事记在心头，岂不太累。一颗宽容、豁达的心，也是我们幽默的源头。

第二次大战期间，许多美国士兵离乡背井，投入欧洲战场，只能借书信聊解思乡之情。

有个美国大兵接到家乡女友的来信，欣喜地拆开展读后，脸上的笑容顿时僵住了。原来他日夜思念的女友在信中提到，她已经另有了新的男朋友，想借这封信结束彼此的来往，并请他将以前寄给他的相片寄还给她，以免日后徒生困扰。

美国大兵恼怒了几天，心情终于平定下来，他立即四处向随军护士及女性军官索取相片。他将得来的十余张相片寄回给女友，并附了一张短笺："这些都是我女友的相片，我忘了哪张是你的。请自行选出你的相片，其余寄回。"

幽默带来魅力和宽容，冷嘲则带来深刻而不友善的理解；幽默的语言来自纯洁、真诚和宽容海涵的心灵，是生命之中的波光艳影，是人生智慧之源上绽放的最美丽的花朵，是人们能够从你那里享受到的心灵阳光。而幽默之魅力，如英国谚语所云：送人玫瑰之手，历久犹有余香。

幽默是一种高贵的人生哲学

有时，沉默更像是"木"，幽默更像是金。金能克木，金弥足珍贵。有幽默感，这句话可以认为是对人极高的赞赏，因为其不仅表示了受赞美者的随和、可亲，能为严肃凝滞的气氛带来活力，更显示了高度的智慧、自信与适应环境的能力。

一辆疾驰而拥挤的巴士突然紧急刹车，一位男士不慎撞在了一位女士的身上。该女士认为这名男士在揩她的油，鄙视道："德性！"

骂声引来众多好奇的目光，该男士立即用幽默手段化解了尴尬，他是这样说的："对不起，小姐，不是德性，是惯性！"女士忍俊不禁，于是全车释然。

幽默像是击石产生的火花，是瞬间的灵思，所以必须有高度的反应与机智，才能发出幽默的语句，那语言才可能化解尴尬的场面，也可能于谈话间产生警世的作用，更可能作为不露骨的自卫与反击。

维特门是毕业于哈佛大学的著名律师，曾当选为州议员。有一次，他穿了乡下人的服装到了波士顿的某旅馆，被一群绅士淑女在大厅里看到了，便戏弄他。维特门对他们说："女士们，先生们，请允许我祝愿你们愉快和健康。在这前进的时代里，难道你们不可以变得更有教养、更聪明些吗？你们仅从我的衣服看我，不免看错了人，因为同样的原因，我还以为你们是绅士淑女呢，看来，我们都看错了。"

但是必须强调，幽默并不是讽刺，它或许带有温和的嘲讽，却不刺伤人；它可以是以别人，也可以以自己为对象，而在这当中，便能显示出幽默者的胸襟与自信。

有一次，俄国大文豪托尔斯泰去火车站接一位来访的朋友，在站台上被一个刚下车的贵妇人误认为是搬运工，便吩咐托尔斯泰到车上为她搬运箱包。托尔斯泰毫不犹豫地照办了，贵妇人付给了托尔斯泰5个戈比。此时，来访的朋友下车见到托尔斯泰，赶忙过来同他打招呼，站在一旁的贵妇人才知道这个为她搬行李的人竟是大名鼎鼎的托尔斯泰。贵妇人十分尴尬，频频向托尔斯泰表示歉意并请求收回那5个戈比，以维护托尔斯泰的尊严。不想托尔斯泰却表示不必道歉，和蔼地对贵妇人说：无须收回那5个戈比，因为那是我应得的报酬。双方的尴尬顿时化解在轻松的欢笑声中。

幽默是一种气质，一种胸怀，一种智慧，一种人生哲学，是人最宝贵的内涵和品质。有幽默感的人是有福的，与有幽默感的人相处也是有福的。一样的天空，一样的大地，一样的人生，幽默的人却可以使天空更广阔，大地更辽远，生命更美好。可以这么说：在一个人的个人修养与个人奋斗里，最需要早日获得的就是幽默感。

比一般人多做一点，你就是不一般的人

有人问一位著名的艺术家，跟从他习画的那个青年将来会不会成为一个大画家。

他回答说："不，永远不会！他没有生存的苦恼，他每年都会从家里得到好几万元资助。"这位艺术家深深地知道，人的本领是从艰苦奋斗中锻炼出来的，而在财富的蜜罐中，这种精神很难发挥出来。

翻开历史可以知道，各行各业的许多成功人士，在早年往往都是贫苦的孩子。成功的人大多是从困乏与需要中训练出来的。大商人、教授、发明家、科学家、实业家和政治家大多是为了提高自己地位的愿望而努力向上的。

成功是排除困难的结果，伟人都是从同困难的斗争中产生出来的。不经过艰难挫折的拼搏而要想锻炼出能耐来，是不可能的。

一个生长于奢侈的环境中的年轻人，时常依附于他人而无须用自己的努力挣饭吃的年轻人，自小被溺爱的年轻人，习惯于躲藏在父辈羽翼下的年轻人，是很少能具有大本领的。富家子弟与穷苦少年相比，就像温室中的幼苗和饱受暴风骤雨吹打的松树一样，只有那些经受风雨洗礼的大树才能看见更加蔚蓝的天空。

日本教育界有句名言："除了阳光和空气是大自然的赐予，其他一切都要通过劳动获得。"许多日本学生在课余时间都要去外边参加劳动挣钱，大学生中勤工俭学的非常普遍，就连有钱人家的子弟也不例外。他们靠在饭店端盘子、洗碗，在商店

售货，在养老院照顾老人或做家庭教师来挣自己的学费。孩子很小的时候，父母就给他们灌输一种思想——不给别人添麻烦。全家人外出旅行，不论多么小的孩子都要无一例外地背上一个小背包。别人问为什么，父母说："他们自己的东西，应该自己来背。"

学会吃苦，能够让你不会在困难和逆境面前乱了阵脚，无助哀叹；学会吃苦，能够让你在奋斗的路上多一分坚韧，多一些从容。然而，曾几何时，我们早已将吃苦精神丢弃一旁。我们习惯于依赖别人，等着别人为我们搭桥，修路，再牵着我们的手慢慢通过。殊不知，吃苦是一种经历、一种收获、一种资本，更是一种财富！

没有受过寒流的抽打，就不会感受到阳光的温暖；没有经历沙漠的干热，就不会体会到绿洲的清爽。

苦，可以折磨人，更可以锻炼一个人！吃下这个"苦"字，会使你的生命力更加强健，让你的人生更加灿烂、辉煌。

多一点吃苦的精神吧！因为，吃苦的经历是我们成长的养分。

吃苦是一分收获，吃苦是一种资本，吃苦更是一种财富！

如何上好"吃苦"这门"必修课"呢？

（1）培养吃苦的精神，应该从日常生活做起。从身边的小事做起，吃苦的精神不能一蹴而就，而且要靠日常的锻炼、提高。平时应该养成自己的事情自己做的习惯，一个事事依赖父母，靠别人帮忙的人是不会具备吃苦精神的。

（2）体育锻炼是一种好的磨炼意志，提高吃苦能力的方法。当你不管刮风下雨每天跑上5000米的时候，你不仅是在锻炼身体，同时也在锻炼自己的意志。

（3）阅读伟人的吃苦故事，学习他们的吃苦精神。古今中外伟人艰苦奋斗的故事可谓比比皆是，我们应该通过有意识地学习来激励自己的吃苦意志。

（4）有意识地给自己设置一些吃苦项目。《北京青年报》曾报道过北大附小四年级的王一妍横渡琼州海峡的故事。2003年8月，10岁的王一妍经过10小时零6分钟的奋力拼搏，游完了21.08千米的路程，成功地横渡琼州海峡，成为当时我国年龄最小的横渡琼州海峡者。

当然，吃苦不是一时冲动也不是冒险。吃苦的困难不在于事情本身而是平时的训练，哪件事情的成功完成不浸透着当事人的汗水呢？

主动"亮剑"，彰显你无可取代的实力

表现欲是人有意识地向他人展示自己才能、学识、成就的欲望。对于我们来说，增强自己积极的表现欲尤为重要。实践证明，积极的表现是一种促人奋进的内在动力。谁拥有它，谁就会争得更多发展自己的机会，从而接近成功的彼岸。

然而在现实生活中，有一些人并不这样看问题。他们对表现欲存有偏见，以为那是"出风头"，是不稳重、不成熟，所以不喜欢在大庭广众之下表现自己，仅满足于埋头苦干、默默无闻。也有一些很有才华、见解的人，缺乏当众展示自己的勇气，遇事紧张胆怯，每每退避三舍。这样一来，他们不但失掉了很多机会，而且给人留下了平庸无能、无所作为的印象，自然得不到好评和重用。这些现象告诉我们，表现欲不足无疑是一种缺憾，积极的表现欲应该成为现代人必备的心理。

有一家大型企业到某高校招聘人才，毕业生们非常踊跃，偌大的礼堂座无虚席。首先，人事主管对企业概况、发展简史、招聘岗位与要求等一一做了介绍。这家企业在国内久负盛名，这次招聘开出的待遇条件也相当优厚，未来发展前景非常良好，不少

毕业生都很动心，在台下认真地做了记录。一旁的总经理突然说道："哪位同学觉得自己能够胜任这份工作，可以现在就做个自我介绍。"立刻，会场变得鸦雀无声，众目睽睽之下，谁也不想"出风头"。何况万一人家觉得自己不合适，不是白白丢脸。总经理非常惊讶，在这些青年人身上竟看不到一点"初生牛犊不怕虎"的闯劲。失望之际，一个男生从后排站起来，他的脸涨得通红，看上去非常紧张，他结结巴巴地说："您……您好。我是……管理学院……管……管""管"了半天，周围的同学开始窃笑。总经理温和地说："没关系，你先放松一下，再介绍一次。"他腼腆地笑了笑，停了一会儿，这才开口说道："对不起，我太紧张了。我是管理学院工商系的学生，我觉得自己可以胜任这份工作。贵公司是一家实力雄厚的企业集团，如果能够得到这个机会，我一定会发挥所学，尽我最大努力，做好工作。"总经理点点头，示意他坐下。他拿过麦克风，对台下说："我不了解这位同学的详细情况，但我可以告诉他，他被录取了。他身上有你们很多人缺少的东西，就是勇气。在机遇到来时，大胆表现自己，这就是勇气。年轻人不能没有勇气啊，我们的企业就需要这种积极向上、无所畏惧的青春力量。"

　　台下的窃笑早就停止了，大家都陷入了深深的思索，而更多的则是懊悔。为什么自己没能站起来展示自我呢？与其说是人家幸运，不如多从自己身上找问题。

　　一个人若想获得成功，必须善于表现自己。表现自己是一种能力、一种艺术。当你学会了推销自己，你几乎能推销任何值得拥有的东西。有人具有这个能力，有人就不这么幸运了。

自我表现能够让人变得自信，让人充满激情和力量。

一个有才干的人能不能得到重用，很大程度上取决于他能否在适当场合展示自己的本领，让他人认识。如果你身怀绝技，但藏而不露，他人就无法了解，到头来也只能空怀壮志，怀才不遇了。善于表现自我的人总是不甘寂寞，喜欢在人生舞台上唱主角，寻找机会表现自己，让更多的人认识自己，让伯乐选择自己，使自己的才干得到充分发挥。

自我表现应把握的几条原则如下：

1. 推荐以对方为导向

在推荐自己的时候，注重的应该是对方的需要和感受，并根据他们的需要和感受说服对方，被对方接受。某重点高校学生琳琳，个性外向，多才多艺。她听说一家知名刊物招聘记者，便立即前去面试。谁知由于准备不足，她对该刊物缺乏了解，回答此类问题时张口结舌，尽管她成绩很好，也很聪明能干，却没能赢得总编的好感。琳琳的自我表现因为导向错误而归于失败。

2. 不要害怕失败

人有百号，各有所好。对人才的需求也是这样。假如你尽力针对对方的需要和感受仍说服不了对方，没能被对方所接受，你应该重新考虑自己的选择，但是不要因为一次失败便失去自我表现的信心。你应该调整的是你的期望值，而不是自我表现的态度和方法。

3. 掌握一些方法

人们通过自我表现可以推荐自己、说服对方、达成协议、交流信息、消除误会等。自我表现时，应注意和遵守以下法则：依据面谈的对象、内容做好准备工作；语言表达自如，要大胆说话，克服心理障碍；掌握适当的时机，包括摸清情况、观察表情、分析心理、随机应变等。

4. 要有自己的特色

表现自己必须先从引起别人注意开始，如果别人不在意你，那就谈不上表现自己。那么，如何引起别人的注意呢？关键是要有自己的特色。这里所谓的特色，就是你个人的风格、特点、优点、长处，那些有别于旁人的，不流于俗的东西，你尽可以大胆展现出来，定会令人眼前一亮。

5. 应知难而退

在表现自我时，如果发现时机不对或者对方无兴趣，就要"三十六计，走为上策"。这时候，表现要冷静，不卑不亢地表明态度，或者自己找个台阶下，给人留下明理的印象。

通常说到"表现表现"多少带点讽刺意义，现实中确有一些人为了获得赏识、得到提升或一些眼前利益，投机取巧，刻意追求，故作表现。但这里所说的"表现"却是让你在工作中充分展示自己的才能，亮出自己的真本领，做好本职工作的同时，多做力所能及的分外事，发挥自己的特长，主动给自己创造机会，使自己脱颖而出。

第一，在一个企业中总有很多优秀的员工还没有被充分认识，他们的能力还没得到充分发挥。这也许是中国的传统观念造成的，认为谦虚、忍让、内敛是人的美德，不愿抛头露面，在别人没有认识自己时不愿主动站出来说："让我来！我能行！"这样失去了很多机会。

第二，如果你有某方面的能力，但长期不表现出来，得不到锻炼，你的能力也会退化，知识也会老化，那样会真正被埋没。

所以你一定要大胆参与各种活动，积极主动改进工作，让你的领导、上司认识你，也会获得更多的机会。

第三，领导要鼓励"表现"。做错了不要紧，失败一次不要紧，"表现自己"本身也是一种锻炼。不断"表现"自己，不断改进工作，能力也会越来越强。企业上下也可以开展

一些活动，从不同性质的活动中发现人才，从各个侧面来观察一个人不同方面的能力，从中选择干部，把他放到合适的位置。

但是，"表现"说到底还是比较表层的东西，是需要真才实学做后盾的。一个人的能力，最终还是体现在工作中。你是否胜任了你的工作，并主动推进着工作。你的工作成绩是你最好的"表现"，是你是否具有真才实学的最好证明，也是最终获得机会的保证。

现实工作中有很多机会等着你，所以大胆地"表现"自己很重要。希望那些还没被认识的各种人才，大胆"表现"，是珍珠就要让自己发光。

在现代职场中，默默无闻、埋头苦干的人，不一定得到重用。一个精明的员工，不仅要会做事，还要会"表现"自己，这样才有机会脱颖而出。绝大多数人都有自己的理想和目标，但人生的第一步是必须学会醒目地亮出自己，为自己创造机会。说到底，这是一种观念，是主动出击还是被动选择？其实，这在很大程度上决定着你的成功与否。

生活中常有这样的情况：有的人做了很多，但升迁、加薪的往往不是他；有的人虽然做得不是很多，但却引来老板的赞赏、同事的羡慕，加薪等好事自然也尾随而至……相信每个人都想做后者而不想做前者，那么如何让别人看到你所做的？如何让老板关注你呢？

如果上司看不到你的工作成绩，确实是件相当郁闷的事情。

但总的来说，每个人身在职场其表现也是各不相同的。有的人非常自信，认为只要自己努力工作总有一天上司会明白；有的人选择随遇而安，并不是很介意；有的人则比较消极，甚至有破罐破摔的想法。

在上司迟迟未能看到你的成绩时，你可能会选择跳槽；你也可能抱着"是金子总会发光"的信念继续积极工作。只有真正聪明的人会主动寻求良机与上司进行沟通。

工作经验不同的人对此事的反应也不一样。刚工作的新人会有一大部分首选跳槽，也有继续工作的，但主动与上司沟通的就少了。随着工作阅历的丰富，职场人开始明白与上司沟通的重要性，工作5年后就会有一部分的人选择"找机会与上司沟通"，而选择继续积极工作等待上司来发现的就会变少。

要想让老板注意你的成绩，首先要明白老板对你工作的要求，正所谓"好钢要用在刀刃上"。仔细地想清楚老板的要求，这样会对你以后的职场之路有很大帮助。

你可以正式和老板面谈，或定期发 E-mail，向老板汇报自己的工作进程及成果；还可以在会议中适当发言表述自己的工作成绩。

如果你想在公司有所发展，消极等待与一味地默默工作都是不可取的，努力找机会让老板明白你的想法，知道你工作的成果，才是积极的做法。

能发号施令之前先要学会服从

当创新与颠覆成为这一代人标新立异的表征时，当个性的张扬成为这个社会所呼唤的精神时，有一些古老的法则仍然是你所不得不遵循的规则——登山敬树，进庙拜佛。

不做恃才傲物的下属

东汉末年的许攸，本来是袁绍的部下，虽说是一名武将，却足智多谋。官渡之战时，他为袁绍出谋划策，可袁绍不听，他一怒之下投奔了曹操。曹操听说他来了，没顾得上穿鞋，光着脚便出门迎接，鼓掌大笑道："足下远来，我的大事成了！"可见曹操对他很看重。

后来，在击败袁绍、占据冀州的战斗中，许攸又立了大功，他自恃有功，在曹操面前便开始放肆起来。有时，他当着众人的面直呼曹操的小名，说道："阿瞒，要是没有我，你是得不到冀州的！"曹操在人前不好发作，强笑着说："是，是，你说得没错。"但心中已十分嫉恨，许攸并没有察觉，还是那么信口开河。

有一次，许攸随曹操进了邺城东门，他对曹操部下骁将许褚说道："许仲康呵，你给说说，要是没有我，你们这些人能不能从这个城门出出进进的？"

许褚忍耐不住，将他杀掉。曹操知道后也没惩罚许褚。

不管你的功劳有多大，千万不能在众人面前，恃材傲物。否则只能像许攸一样遭人摒弃。

那些自吹自擂的人，有了一点点成绩，就心高气傲，不思进取，这样的人是不会得到提拔和重用的。下属与领导相处时，一定要掌握分寸。

人无完人，尽管有时领导在某一方面确实不如你，作为下属的你还是要十分注意。在你与领导说话的时候，不要咄咄逼人，不要冷嘲热讽；背地里也不要评头论足；更不要让领导当众出丑。要知道这些都是不明智的行为，很容易被领导认为是一个恃才傲物的人，从而不信任你。

领导者首先都是服从者

要想出头，必先埋头；要想成为领导，必先学会跟随。英国文学家弥尔顿说过一句名言："最能吃苦的人工作起来才最出色，最服从命令的人指挥起来才最有力。"如果你首先不愿服从别人，那么你永远没有领导别人的机会。

古希腊政治家梭伦说过："发号施令之前先应学会服从。"而古罗马哲学家塞内加也说过几乎与此相同的话："只有服从别人的人才能够领导别人。"

这些话是至理名言。通过研究人类社会的发展规律，就可以发现，凡是那些卓越的领导者，首先都是卓越的追随者。正是在追随的过程中，人才更容易被发现并拥有成为领导者的好机会。

因服从别人而脱颖而出、成为领导的人，在古今中外的历史上可谓比比皆是。汉高祖刘邦最初对"西楚霸王"俯首听命，后来却打败了项羽；宋太祖赵匡胤原来是后周的一员大将，后来便黄袍加身，当了皇帝；明太祖朱元璋在参加反抗元朝的起义时，一开始只是郭子兴手下的一名小卒，后来屡立战功，步步高升，直至成为明朝开国皇帝。

当你因学识、经验等方面的不足，尚不具备成为领导者的资格和条件时，唯一的办法就是追随别人，尤其要追随那些成功的领导者，从而使自己具备领导别人的实力。

事实上，即使一个人确实具备了做领导的实力，但当客观条件不具备时，也必须首先追随别人。这样做的好处至少有三个方面：一是"借窝下蛋"，利用领导者的人际资源，而不是另起炉灶，浪费时间和精力；二是在追随领导者的过程中不断完善自己，

进一步扩充实力；三是更好地展现自己的才华，获得别人的信赖和拥护。

有些人拒绝服从别人，以显示自己的与众不同、清高孤傲或是"仙风道骨"。但这样做的结果，只能是使自己成为无人理睬的孤家寡人。一个不愿跟随别人、接受命令的人，既不可能获得领导的赏识和重视，也不可能有效地领导和指挥别人。因为他的拒绝行为实际上具有"示范作用"，那无异在告诉别人：跟随别人是不好的。因此，也就失去了别人的跟随。

军人的天职就是服从命令，一个人在生存中不可避免地要受制于来自外部或上级的各种指令。"能为人下，始能为人上。"因此，美国五星上将马歇尔提醒并告诫人们说："年轻人，若想成为领导，就先学会服从吧！"

善于"藏拙"，才不会成为众矢之的

需要指出的是，自我表现有积极与消极之分。两者的界限就在于自我表现的动机和分寸的把握。如果一个人单纯为了显示自己，压倒别人，争个人的风头，甚至做小动作，贬低别人，突出自己，这会令人生厌，使自己成为众矢之的，那就没有什么积极意义可言了。

张扬是某地区人事局调配科一位相当得人缘的干部，在他刚到人事局的那段日子里，在同事中几乎连一个朋友都没有。因为他正春风得意，对自己的机遇和才能很满意，因此每天都吹嘘他在工作中的成绩。但同事们听了之后不仅没有人分享他的"成就"，而且还极不高兴。后来还是由当了多年领导的老父亲一语点破，他才意识到自己的症结到底在哪里。

原来他太以自我为中心了，无论与谁讲话，都不忘"表现"一下自己，岂不知，他已经从正常的自我表现上升到炫耀了。这种暴露性的自我标榜，让身边许多人产生了排斥感和不快情绪。

在交往中，任何人都希望能得到别人的肯定性评价，都在不自觉地强烈维护着自己的形象和尊严。如果对方过分地显示出高人一等的优越感，那么，在无形之中是对他自尊和自信的一种挑战与轻视，那种排斥心理乃至敌意也就不自觉地产生了。

自我表现最重要的守则便是掌握分寸，不要动不动就孔雀开屏，张扬自我，那很容易引起别人的羡慕和嫉妒，不知不觉为自己树立了敌人。

有很多善于自我表现的人常常既"表现"了自己，又未露声色，他们与别人进行交谈时多用"我们"而很少用"我"，因为后者给人以距离感，而前者则使人觉得较亲切。要知道"我们"代表着"他也参加"的意味，往往使人产生一种"参与感"，还会在不知不觉中使意见相异的人站在同一立场。

善于自我表现的人从来杜绝说话带"嗯"、"哦"、"啊"等停顿的习惯。这些语赘可能被看作不愿开诚布公，也可能让人觉得是一种敷衍、傲慢，从而令人反感。

善于自我表现的人，从来也不会表现得特别优越。工作中不难发现这样的同事，虽然思路敏捷、口若悬河，但一说话却令人感到狂妄，因此别人很难接受他的任何观点和建议。这种人多数都是因为过于喜欢表现自己，总想让别人知道自己很有能力，处处想显示自己的优越感，从而希望获得他人的敬佩和认可，结果却往往适得其反，失掉了在同事中的威信。

我们提倡适度地自我表现，如果真想表现自己的重要性，不如自然尽情地放松自己，无拘无束，不需在任何地方、任何场合刻意伪装自己，只要你表现得自然，就有无限的魅力。伪装自己，会让人讨厌，反而让你失去最美好的东西。要表现自己的重要性，就自然地、大大度度、从从容容地表现自己，自然会更好地表现你的魅力。矫揉、曲意奉承、见风使舵、媚上欺下是一种痛苦，也会让你大失风采。我们要做一个真实的自己，消除内心的歪理，自然地表现自己，才会受到人们欢迎和尊重。

自然地表现自己，那样你会得到别人的好感，而别人会认为你富有魅力，同时你自己会对生活更自信，充满力量。

第九章

说话多一些分寸，
做事少一些麻烦

会努力，才会有未来

说话时，给别人留点空间

许多年轻人在和别人交谈时，总是口若悬河，滔滔不绝，不容他人插嘴，这实质上是在强迫别人听你说话，这是非常糟糕的。其实，交流是相互的，你口才再好，也要给别人留下说话的余地。

其实，每个人都有表达自己的思想、观点、意见、想法的欲望，如果能表达出来，便能满足自己的表现欲。所以，即使你有丰富的知识、良好的口才，也应该给别人留下表现自己的空间。这既是做人的一种修养，也是对别人的一种尊重。如果认为自己比别人知道得多，比别人口才好，就不给他们表达的机会，使他们的表达欲望受挫，对他们的感情是一种挫伤，对他们的自信是一种打击，他们的自尊会因为你的侃侃而谈而受到伤害。无论你的话多么正确，你的见解多么高明，思想多么深刻，语言多么动人，语调多么铿锵，大家都会因为逆反心理而拒绝你，甚至厌恶你。

要给别人留下发表意见的空间，是有效交谈必须坚持的一个准则。上帝给人两只耳朵，一张嘴巴，也许就是在告诉我们：要少说多听。少说，言简意赅、画龙点睛，给人以启发，让人受感动；多听，给别人说话的机会、表达的空间，一方面能形成互动，营造良好的交谈氛围，另一方面能拉近和交谈者的心理距离，形成亲和力。

某企业经理道尼斯来到一家企业总部，要面见该企业总裁

约书亚。因为他得知，约书亚要捐巨款建造音乐厅、纪念馆和剧院。

秘书领着道尼斯进入了约书亚的办公室，约书亚正忙着翻看桌子上的一大堆文件。道尼斯环视办公室，走到墙边，用手指在木板上敲，说："我想这是英国橡木，是不是？意大利橡木的质地不是这样的。""是的，"约书亚总裁高兴地说，"那是从英国进口的橡木，是我的一位专门研究室内细木的朋友专程去英国为我订的货。"约书亚总裁情绪极好，竟然把办公室内的所有装饰一件一件向道尼斯介绍，从谈木制到介绍他设计的过程。

道尼斯不但听得聚精会神，而且发自内心地表示敬意。本来秘书警告过道尼斯，谈话不要超过 5 分钟，结果道尼斯与约书亚谈了 1 个多小时。结果是道尼斯不仅得到了这笔工程的订单，而且和约书亚结下了终身的友谊。

道尼斯成功的诀窍很简单，通过谈话交朋友，千方百计激发对方谈话的兴趣，从而建立真正的朋友关系，当然生意也就好做了。

所以，我们应该学会去倾听别人说话，养成良好的听话习惯。听别人讲话要注意礼貌，要专心致志地听，眼光要和讲话者交流，适当用表情姿态去呼应对方的讲话。眼光不要飘忽不定，不要做其他事情和显出不耐烦的样子。

在谈话的过程中，即使出现了争论，也不要急于反击。这个时候你可做一个深呼吸，平静一下情绪，让对方把情绪发泄出来。

这样做了以后，你的情绪也会好很多。哪怕说些中立的观点也比马上堵住他的话要好得多，因为如果马上堵住对方的话，很容易让对方情绪暴发。

事实上，我们认真倾听对方的谈话，而不抢占别人说话的时间，这在无形中也起到了褒奖对方的作用。仔细地倾听对方的谈话，是尊重对方的前提，能够耐心地听说话者诉说，就是在暗示对方，我对你说的内容很感兴趣，或者我对你的遭遇深表同情，等等。这样一来，说话者的自尊就得到了极大的满足，进而对你的好感就会产生，而你们之间的距离就会在你的倾听之中慢慢拉近。说话人觉得找到了理解自己的知己，情绪得到了缓解，而你因此获得了友谊。这不能不说是倾听的魅力。

所以，在我们和别人谈话的时候，要做一个"听话"的高手，而不要去做"说话的高手"。事实上，只有会"听话"的人，才有可能成为谈话高手。

说三分留七分，点到为止

"逢人且说三分话。"与人交往中，有时把话说得太满，就会印证那句"水满则溢，月盈则亏"的金玉良言，将自己陷于被动的境地。

"马有失蹄，人有失言"，把话说满了就没有后退的余地，因为无法保证每一句话都说得滴水不漏，从而在交际场上招来误会，为自己留下隐患。

说理只需三分

刘涛是一位快言快语的人。他经常莫名其妙地得罪人，使自己陷入一片混乱中，于是他上山求得一副高僧写的处世药方，教的是如何待人接物，写得很有意思，其中有：热心肠一副，温柔二片，说理三分等等。

这使他想起了小时候的一次挨打：刘涛从小是认死理的犟脾气，小学五年级时，不知为了什么和父亲理论——早已忘了原因，现在想来，大概是父亲记错了什么事——说着说着争论起来，刘涛说父亲错了。而父亲认为他是对的。滑稽的是两人为这件小事争得面红耳赤。说着说着，父亲上火了，拿出他的权威啪地给了刘涛一巴掌："还要说？"小刘涛拼命忍住泪："就是要说。"啪，又是一巴掌："还要说？""就是要说"。啪啪！"还要说？""就是要说。"啪啪啪啪！"还要说？"

"就是要说，就是要说。"啪啪啪啪啪啪……他终于忍不住疼，又气愤又委屈"哇"的一声大哭起来，一边哭一边大喊："你不是我爸爸，你不配做我爸爸……"

最后，是母亲怒气冲冲加入了这场战争，过来把父亲推开护住小刘涛。他赌气足足有一个月没喊一声"爸"，而父亲也被他气得几天不见笑容。

"说理三分"，讲的其实是一种技巧。你若有理，聪明人一点就通，不用十分，三分足够了，不必画蛇添足；碰到一时走进死胡同的人，你费再多口舌也无用，何必执着，不妨假以时日，让他自己慢慢去悟；至于蛮汉，他本不讲理，你即使讲上十二分，也无异于是对牛弹琴。

"说理三分"，讲的也就是宽容。人总有缺点，或多或少总有不周全的地方，他或许并不明白，你巧妙地说上几句，点到为止，确是与人为善让他心存感激，若是穷追猛打，非要弄得人家连面子都留不住，只怕会两败俱伤。

人性的弱点之一是"一吐为快"，何况在理儿上的，常常会不知不觉"理直气壮"起来。因此，许多人虽然有高僧所说"热心肠一副"，也自认为不乏"温柔二片"等等，却总成不了气候——常常就在这多说几句之中，将功劳一笔勾销了……

"说理三分"，实在是大智慧、大修养、大气度、大学问。

不要轻易说出别人的心思

对于一个你并未完全了解的人，无论是说话还是做事，都要有所保留，不可一厢情愿。按这个角度理解，在猜中别人心思时，一定也不要说出来，若是一针见血地挑明了，那是对别人的一种侵犯，是极不礼貌的行为，是很容易引起别人的反感，像杨修那样聪明反被聪明误。

逢人且说三分话。

我们都喜欢正直而坦率的朋友，他们心里无私，有什么就说什么，从来不加以掩饰，这样话说出去，心里也很舒服，总觉得有一种问心无愧的感觉，这种自我感觉是良好的。的确，坦率是一种很可爱的性格，大家都喜欢对方坦率，但这也是有条件的，这个条件就是大家都坦率。

另外，坦率的人有时会伤害别人。这种人想说什么就说什么，毫无掩盖，直来直去而且不分场合，这就容易得罪人。谁不希望自己更漂亮、更完美、更出众？谁不愿意别人多选择自己、夸赞自己？而你的坦率却会在连你自己也不知觉的情况下，就伤害了别人。

最后，坦率的人还会被别人利用，有时因为你坦率，所以你对事情的看法往往很浅薄，而且很容易被对方的话激怒，同时也很快做出承诺为某人打抱不平，这样你便是一位感情用事的人。而感情用事是很危险的，你也许会为了一些不值得计较的事情而去斤斤计较。言多必失，切不可感情用事，逞一时口舌之快，坦率的背后一定要有理性和智慧的支配。

罂粟花又香又美，却生长出了鸦片；无花果的花渺小得看不见，却结出了甜美的果实，花不可开得太盛，盛极必衰；话也不可说得太满，满必有所失。

玩笑有度，不是所有笑话都幽默

玩笑是把双刃剑，用得好可以调节我们的生活，一旦失去分寸，就会适得其反，弄巧成拙。

喜欢开玩笑的人一般都心怀善意，他们想做的有时只不过是要多给人增加一分快乐而已。但无论如何，玩笑也有伤人的可能。

开玩笑，必须随时记住这一点，即适可而止，否则弄巧成拙便得不偿失。

美国前总统里根有一次在国会开会前，为了试试麦克风是否好使，张口便说："先生们请注意，5 分钟之后，我将宣布对苏联进行轰炸。"一语既出，众皆哗然。里根在错误的场合、时间里，开了一个极为荒唐的玩笑。为此，苏联政府提出了强烈抗议。

开玩笑要因人而异

人的脾气、性格、爱好不同，开玩笑要因人而异。开玩笑要注意长幼关系。长者对幼者开玩笑，要保持长者的庄重身份，使幼者不失对长者的尊敬；幼者对长者开玩笑，要以尊敬长者为前提。开玩笑要注意男女有别。男性对语言情境的承受能力较强，一般的玩笑不会导致男性的难堪；女性对语言情境的承受能力较弱，不得体的玩笑会使女性难堪，甚至"下不来台"。开玩笑还要注意亲疏的差异。一般情况下，与自己比较亲近、熟悉的人在一起开玩笑，即使重一点，也不会影响关系。但与自己比较陌生的人在一起，就不宜开玩笑，因为你对人家的个性、经历、情趣、隐私不了解，可能在开玩笑中冒犯了人家，引起反感，不利于今后的互相了解和友谊的发展。

有一次，一位男士的女同事穿着一身漂亮的新衣服来上班，他幽默地说："今天准备出嫁？"这其实是一种夸赞，只不过有点调侃的意味。

然而，他的这位女同事却不喜欢玩笑。

她闻听此言，怒不可遏，拍案而起："你骂人！难道我离婚了？难道我丈夫不在了？"接着又来了一大串的谩骂。

这位男士万万没有想到，他的颇为得意的幽默竟被人家当成是不堪入耳的污言秽语，得到的竟是如此难堪的结局。他百口莫辩，只好道歉了事。每当提及此事他都哭笑不得，因为那位女同事因此而到处说他是个"二百五"。

这位男士之所以引火烧身就是因为他没有注意开玩笑的对象。

同样一个玩笑，能对甲开，不一定能对乙开。人的身份、性格、心情不同，对玩笑的承受能力也不同。

一般来说，后辈不宜同前辈开玩笑，下级不宜同上级开玩笑，男性不宜同女性开玩笑。在同辈人之间开玩笑，则要掌握对方的性格特征与情绪信息。

对方性格外向，能宽容忍耐，玩笑稍微开大了可能也会得到谅解。对方性格内向，喜欢琢磨言外之意，开玩笑就应慎重。对方尽管平时性格开朗，但如恰好碰上伤心事，就不能随便与之开玩笑。相反，对方性格内向，但正好喜事临门，此时与他开个玩笑，效果会出人意料的好。

开玩笑不要揭对方的伤疤

世上有很多不幸的人，出生之后，即背负了身体上的缺陷。因此，凡是有怜悯之心的人，都不应该以他们身体上的缺陷为话题。事实上，这也是与人交往时，必须注意的一种礼节。

当着别人的面说那种伤人的话，这是非常不人道的。例如，有些人常常使用一些刻薄的言语："货底""拖油瓶""拖累人的废物""坏胚子"等字眼。

这些字眼是极为伤人的，甚至是一些残酷的字眼。我们不妨设身处地地想一想，如果自己被如此称呼，心里如何想？

金无足赤，人无完人，谁都不应该拿别人的缺点或不足开玩笑。你以为你很熟悉对方，可以随意取笑对方的缺点，但这些玩笑话却很容易被对方认为你是在冷嘲热讽。倘若对方又是个比较敏感的人，你会因一句无心的话而触怒他，以致抱怨而使同事之间关系变得紧张。而你要切记，这种玩笑一说出去是无法收回的，到那个时候，再后悔就来不及了。

别人的伤疤是不能轻易触碰的，更不能拿来当作玩笑的谈资。笑你的同学考试不及格，笑你的朋友怕老婆，你笑你的亲戚做生意因上了别人的当而亏了本，笑你的同伴在走路时跌了一跤……本来这些都是应该给以同情的，而你却拿来取笑别人，不仅使对方难堪，而且显现出你的冷酷无情。诙谐而不伤人自尊的语句，能使人快乐，更会发人深思，这种智慧型的玩笑，是玩笑中最上乘的，在不伤害别人的同时，使大家开心。如果能诚心诚意地这样做，你一定可以获得更多人的信赖、更多人的钦佩，将会获得更多的朋友。

开玩笑要因时因地而宜

一般来讲，在庄严、肃穆的场合不能开玩笑，工作时间不能开玩笑，在公共场合和大庭广众之下，也尽量不要开玩笑。在非常时期，不能拿非常之事开玩笑，在公共传媒上开玩笑更是要慎之又慎。

2003年"非典"期间，从广东出差回来的李某在办公室和同事聊天时，突然说他感染上了"非典"。因为李某平时很爱开玩笑，所以同事们都没把他的话当真。李某见大家不相信，便假装咳嗽，还说要向单位请假治病。由于李某是刚从疫区回来，而且还显露出"非典"的症状，大家认为宁可信其有，不可信其无。于是，当地有"非典"患者的消息很快传到了社会上，在群众中引起了恐慌。有关部门得知后，迅速将李某隔离检查。此时，李某却反复说自己没有得"非典"，只是开句玩笑。检查结果出来，也表明是一场虚惊。但公安机关仍对李某做出了拘留 12 天的治安处罚。李某感到不明白，自己只是向同事开了一句玩笑，为什么却要受到治安处罚呢？其实，公安机关对李某的处罚是合法的。据了解，在全国上下齐心战胜"非典"的关键时候，有极少数人利用口头、互联网、手机短信等形式编造虚假信息，散布"非典"虚假病情，增加了人们对"非典"的恐慌。本故事中，李某虽然只是开了一句玩笑，但扰乱了人们的正常生活，影响了"非典"防治工作的正常进行。

这个故事的开玩笑者是在不合时宜的时机、场合开了不合适的玩笑，结果惹火上身，还惹上了是非，我们要引以为戒。

人生如若没有了玩笑的调剂，那一定活得很累。不过，开玩笑也是人生的一种智慧、一种艺术、一种境界、一种性情，并不是人人都能够游刃有余地使用这件利器的。

玩笑不宜随意挥霍，否则它就会从珠玉变为粪土；玩笑不是一个筐，不能什么都往里装。

（1）和长辈、晚辈开玩笑忌轻佻放肆，特别忌谈男女情事。几辈同堂的玩笑要高雅、机智、幽默，能助兴，乐在其中。当同辈人开这方面玩笑时，自己以长辈或晚辈身份在场时，最好不要掺和，若无其事地旁听就是。

（2）和身体有缺陷的人开玩笑，注意避讳。人人都怕别人用自己的短处开玩笑，身体有缺陷的人尤其如此。

（3）和非血缘关系的异性单独相处时忌开玩笑（夫妻自然

除外），哪怕是开正经的玩笑，也往往会引起对方的反感，或者会引起旁人的猜测非议。

有时候，在办公室开个玩笑可以调节紧张工作的气氛，异性之间玩笑有时也能让人缩短距离。但切记异性之间开玩笑不可过分，尤其是不能在异性面前说荤段子，否则会降低自己的人格，也会让异性认为你少根筋。

（4）朋友陪客时忌和朋友开玩笑。人家已有共同的话题，已经形成和谐融洽的气氛，如果你突然介入与之开玩笑，转移人家的注意力，打断人家的话题，破坏谈话的雅兴，朋友会认为你扫他的面子。

（5）莫板着脸开玩笑。开玩笑的最高境界，往往是开玩笑的人自己不笑，却能把你逗得前仰后合。然而在生活中我们都不是大师，很难做到这一点，那你就不要板着面孔和大家开玩笑，免得引起不必要的误会。

（6）不要总和同事开玩笑。开玩笑要掌握尺度，不要大大咧咧地总是开玩笑。这样时间久了，在同事面前就显得不够庄重，同事们也不会尊重你；在领导面前，你会显得不够成熟，不够踏实，领导也不会信任你，不能对你委以重任。这样做实在是得不偿失。

（7）不要以为捉弄他人也是开玩笑。捉弄别人是对别人的不尊重，会让人认为你是恶意的，而且事后也很难解释。它绝不在开玩笑的范畴之内，是不可以随意乱做乱说的。否则轻者会伤及你和同事之间的感情，重者会危及你的"饭碗"。记住"群居守口"这句话吧，不要让祸从口出，否则你后悔晚矣！

（8）格调要高雅。笑料的内容取决于开玩笑者的思想情趣与文化修养。内容健康、格调高雅的笑料，不仅给对方启迪和精神的享受，也是对自己美好形象的有力塑造。钢琴家波奇一次演奏时，发现全场有一半座位空着，他对听众说："朋友们，我发现这个城市的人们都很有钱，我看到你们每个人都买了两三个座位的票。"于是这半场听众放声大笑。波奇无伤大雅的玩笑话使他赢得了观众。

（9）态度要友善。与人为善是开玩笑的一个原则。开玩笑的过程，是感情互相交流传递的过程，不要借着开玩笑对别人冷嘲热讽，发泄内心厌恶、不满的情绪。也许有些人不如你口齿伶俐，表面上你占了上风，但别人会认为你不能尊重他人，从而不愿与你交往。

（10）行为要适度。开玩笑除了可借助语言之外，也有人有时通过行为动作来逗别人发笑。有一对小夫妻，感情很好，整天都有开不完的玩笑。一天，丈夫摆弄鸟枪，对准妻子说："不许动，一动我就打死你。"说着真的扣动了扳机，结果，妻子被意外地打成重伤。可见，开玩笑千万不能过度。

俗话说，凡事有度，适度则益，过度是损。人际交往中，开个得体的玩笑，可以松弛神经，活跃气氛，营造出一个适于交际的轻松愉快的氛围，因而诙谐的人常能受到人们的欢迎与喜爱。但是，开玩笑开得不好，则适得其反，伤害感情，因此开玩笑要掌握好分寸。

 人前不骂人，人后不说人

每个人的内心深处都有自己的秘密，谁也不能轻易触碰这块隐秘区。正如西方的一句谚语所说："擅自偷听或公开朋友的秘密，你将失去这个朋友。"既然是别人的隐私，一旦被你所知，你就应该将它烂在肚子里，该"装聋作哑"时就"装聋作哑"，这是对别人的尊重。

别人的"逆鳞"碰不得

好友娟快要结婚了，敏欢天喜地，比自己结婚还高兴。一天，娟在家向外打电话，敏想听听马上结婚的好友，还要说什么知心话，以便取笑。谁知娟打给的不是未婚夫而是给医生的电话，原来婚前检查发现，娟根本没有生育能力，结婚以后不能要孩子。娟忧心忡忡，想询问医生可不可以挽救。敏听到的就是这个电话，她的心一下子也沉重起来。后来她将此事告诉了另一个好友，谁知此事被娟知道了。娟非常气愤，结婚那天，没有邀请敏参加。一对好友因此产生了隔阂，最终分道扬镳了。

朋友之间保守彼此的隐私并不是对对方的不信任，而是对自己负责。你同样也需要保守自己的隐私，这一切并不证明你和好友间的疏远；相反，明智的人会认为，如此双方的友谊更加可靠。

所以在你朋友觉得难为情或不愿公开某些私人秘密时，你也不应强行追问，更不能去偷看或悄悄地打听朋友的秘密。

凡属朋友的一些敏感性、刺激性大的事情，其公开权应留给朋友自己。你不应该以朋友的身份去了解你不该了解的事情，更不应该做朋友隐私的传声筒。

在中国素有所谓"逆鳞"之说，即使再驯良的龙，也不可掉以轻心。传说龙的喉部之下约一尺的部分上有"逆鳞"，全身只有这个部位的鳞是反向生长的，如果不小心触到这一"逆鳞"，必会被激怒的龙所杀。其他的部位任你如何抚摸或敲打都没关系，只有这一片逆鳞无论如何也接近不得，即使轻轻抚摸一下也会触怒它。

隐私被别人知道，对任何人来说，都不是令人愉快的事。也许有时候我们不是出于主动去打听到别人的隐私，而是无意间碰巧看见或听见了，这时候应该怎么办呢？最巧妙的做法，就是假装没有注意到。"无动于衷"有时候恰恰是最有力量的。

约束窥探欲

有的人会认为关心别人私事是一种关系亲密的暗示，或者是导向亲密关系的途径。事实上有些东西是不方便与人分享的，所以在希望别人不要窥视你内心世界的同时，将心比心，你也不要用谈论私事的方式来拉近和同事的关系。

对待自己的隐私，要学会用心呵护，对待别人的隐私，要切忌人云亦云、以讹传讹。为什么这样说呢？首先你要明白，你所知道的关于别人的事情不一定确凿无误，也许还有许多隐情你不了解。要是你不假思索就把你所听到的片面之言宣扬出去，难免颠倒是非。话说出口就收不回来，事后你完全明白了真相时才后悔不迭，但此时已经在同事之间造成了不良的影响。

人与人之间的关系相当复杂，你如果不知内幕，就不可信口雌黄，以免招惹是非。现实生活中有一种人，专好推波助澜，把别人的隐私编得有声有色，夸大其词地逢人就说。人世间不知有多少悲剧由此而生。偶然谈论别人的隐私，也许你无意中就为别人种下祸患的幼苗，其不良后果并非你所能预料的。因为一时言语之快而失去别人对你的信任，甚至导致朋友反目成仇，是得不偿失的。隔阂皆由言生，无论何种情况下，都要把别人的秘密当作自己的宝藏一样呵护，切不可因小失大。

如果你茶余饭后一定要找谈话的资料，那天上的星河、地上的花草，无一不是谈话的好题目，不是一定要谈东家之长论西家之短才能消遣时间。宇宙之大，谈资无所不有，何必非要拿别人

的隐私满足自己的倾诉欲？

"不"字出口前，九曲回肠走一圈

语言是一种艺术，拒绝则是最难掌握的一种艺术。

生活中，不可能不拒绝别人，如果每次拒绝都产生隔阂，带来仇视敌意，那最后必将成为孤家寡人，想远离孤独，就要学会拒绝这门必修课。

威廉二世设计了一艘军舰，他在设计书上写道："这是我多年研究，经过长期思考和精细工作的结果。"他请国际上著名的一位造船家对此设计作出鉴定。

过了几周，造船家送回其设计稿并写下了下述意见：

"陛下，您设计的这艘军舰是一艘威力无比、坚固异常和十分美丽的军舰，称得上空前绝后。它能开出前所未有的高速度，它的武器将是世界上最强的，它的桅杆将是世界上最高的，它的大炮射程也将是世上最远的。您设计的舰内设备，将使舰长到见习水手的全部人员都会感到舒适无比。你这艘辉煌的战舰，看来只有一个缺点：那就是只要它一下水，就会沉入海底，如同一只铅铸的鸭子一般。"

拒绝是一种应变的艺术，能让你化险为夷，为自己留下回旋的空间。找借口拒绝对方，婉转一些，对方会心服口服；如果生硬地拒绝，对方则会产生不满，甚至仇视你。把话说得委婉、模糊一些，能够使对方听出你拒绝的弦外之意，做到既不伤人，又达到了拒绝的目的，是一种聪明的做法。

委婉拒绝，把感情留住

美国总统富兰克林·罗斯福在就任总统之前，曾在海军部担任要职。有一次，他的一位好朋友向他打听海军在加勒比海一个小岛上建立潜艇基地的计划。罗斯福神秘地向四周看了看，压低声音问道："你能保密吗？""当然能。""那么，"罗斯福微笑地看着他，"我也能。"他的朋友明白了罗斯福的意思，不再打听了。

拒绝他人，是非常伤感情的，一语不慎可能多年的感情就会付诸东流。于是有很多人因为难以拒绝别人的要求，于是连那些自己干不来的事情也接了下来，结果使对方的期待落空，因而破坏了彼此之间的友谊，这种例子是屡见不鲜的。

但是，不懂得拒绝的技巧，过于直接地拒绝对方，也会影响双方关系，甚至被人误会并结下仇怨，使自己陷于十分不利的境地。所以，应学会运用智慧，巧妙地使用拒绝的话语，以坚持自己的意志，摆脱不利的局面，同时也能维持双方的关系。

富兰克林·罗斯福显然深谙拒绝的艺术，其语言具有轻松幽默的情趣，表现了罗斯福的高超水平，在朋友面前既坚持了不能泄露秘密的原则立场，又没有使朋友难堪，取得了极好的语言交际效果，以致在罗斯福死后多年，这位朋友还能愉快地谈及这段总统轶事。相反，如果罗斯福义正词严地加以拒绝，甚至心怀疑虑，认真盘问对方打听这个有什么目的、受谁指使，岂不是小题大做，有煞风景？其结果必然是两人之间的友情出现危机甚至破裂！

拒绝是一门学问，稳妥的拒绝既消除了自己的尴尬，又不让对方无台阶可下，聪明的人在拒绝别人时，总能让人欣然接受还不伤感情。

拒绝上司也有方

甘罗的爷爷是秦国的宰相。有一天，甘罗看见爷爷在后花园走来走去，不停地唉声叹气。

"爷爷，您碰到什么难事了？"甘罗问。

"唉，孩子呀，大王不知听了谁的挑唆，硬要吃公鸡下的蛋，命令满朝文武想法去找，要是三天内找不到，大家都得受罚。"

"秦王太不讲理了。"甘罗气呼呼地说。他眼睛一眨，想了个主意，说："不过，爷爷您别急，我有办法，明天我替你上朝好了。"

第二天早上，甘罗真的替爷爷上朝了。他不慌不忙地走进宫殿，向秦王施礼。

秦王很不高兴，说："小娃娃到这里捣什么乱！你爷爷呢？"

甘罗说："大王，我爷爷今天来不了啦。他正在家生孩子呢，托我替他上朝来了。"

秦王听了哈哈大笑："你这孩子，怎么胡言乱语！男人家哪能生孩子？"

甘罗说："既然大王知道男人不能生孩子，那公鸡怎么能下蛋呢？"

上司永远是一类很特殊的人群，但是尽管部下是隶属于上司，但部下也有他独立的人格，不能什么事都不分善恶是非都服从。倘若你的上司以往曾帮过你很多忙，而今他要委托你做无理或不恰当的事，你也应该毅然地拒绝，这对上司来说是好的，对自己也是负责的。

那么，当拒绝成为面对上司无法避免的选择时，要采用什么方法才能让上司接受，不致为自己带来麻烦呢？

（1）触类相喻，委婉说"不"。

当领导提出一件让你难以做到的事时，如果你直言答复做不到时，可能会让领导损失颜面，这时，你不妨说出一件与此类似的事情，让领导自觉问题的难度，而自动放弃这个要求。

（2）佯装尽力，不了了之。

当上司提出某种无理要求而属下又无法满足时，设法造成属下已尽全力的错觉，让上司自动放弃其要求，也是一种好方法。

比如，当上司提出不能满足的要求后，就可采取下列步骤先答复："您的意见我懂了，请放心，我保证全力以赴去做。"过几天，再汇报："这几天×××因急事出差，等下星期回来，我再立即报告他。"又过几天，再告诉上司："您的要求我已转告×××了，他答应在公司会议上认真地讨论。"尽管事情最后不了了之，但你也给上司留下了"尽力而做"的印象，上司也就不会再怪你了。

通常情况下，人们对自己提出的要求，总是念念不忘。但如果长时间得不到回音，就会认为对方不重视自己的问题，反感、不满由此而生。相反，即使不能满足上司的要求，只要能做出些样子，对方就不会抱怨，甚至会对你心存感激，主动撤回已让你为难的要求。

（3）利用集体的力量说"不"。

你被上司要求做某一件不合理的事时，其实很想拒绝，可是又说不出来，这时候，你不妨拜托其他二位同事，和你一起到上司那里去，这并非所谓的三人战术，而是依靠说理指出不合理性，从而来说"不"。

首先，商量好谁是赞成的那一方，谁是反对的那一方，然后在上司面前争论。等到争论一会儿后，你再轻轻地说："原来如此，那可能太牵强了。"

这样一来，你可以不必直接向上司说"不"，就能表明自己的态度。这种方法会给人"你们是经过激烈讨论后，绞尽脑汁才下结论"的印象，而包括上司在内的全体人士，都不会有哪一方受到伤害的感觉，从而上司会很自然地自动放弃对你的不合理的命令。

把拒绝别人的话说"活"

做人灵活，拒绝别人也要灵活，不要用强硬的方式拒绝，那样只会伤害彼此的感情，采用灵活的方法把"不"说出口，这才是做人"活"一点的意义。

（1）要以非个人的原因作为理由。

拒绝他人，最困难的就是在不便说出真实的原因时又找不到可信而合理的理由，那么，不妨在别人身上动动脑筋，比如举出你的家人方面的原因。一位生活惬意的家庭主妇自称她的生活之所以能如此安宁，就是因为她懂得巧妙地拒绝。当一个推销员敲她家门时，她的态度礼貌而坚定："我丈夫不让我在家门前买任何东西。"你看我不买你的商品，不是因为我不愿意掏腰包，而是因为我那个有点古怪的丈夫。这样一来，推销员既不会因为你没买他的东西而怨恨你，同时也感到再说下去也是白费口舌，因为问题不在于你，而在于你那个他并未谋面的丈夫，于是，他只好作罢。

（2）通过引导对方来达到拒绝的目的。

当别人向你提出不合理的要求时，不要简单地拒绝他，而应该让他明白他的要求是多么荒唐，从而自愿放弃它。一位著名的室内设计师声称，对于用户不合实际的设想，他从不直截了当地说"不行"，而是竭力引导他们同意他希望他们做的事情。一位妇女想要用一种不合适的花布料做窗帘，这位设计师提议道："我们来看看你希望窗帘布置达到什么效果。"接着，他大谈什么样的布料做窗帘才能与现代装饰达成最好的和谐，很快，那位妇女便把自己的花布料忘了。

（3）用委婉和气的方式来表达你的意见。

一位热情奔放的老妇人决定与年轻的女邻居交朋友，她发出邀请："欣迪，你明天上午到我家来玩，好吗？"欣迪脸上露出温和宽厚的笑容说："不行啊！"她的拒绝既友好又温情，但态度又是那么坚决，老妇人只好作罢。

所以，当别人的请求你无法满足，而又不能或无须找任何借

会努力，才会有未来 HUI NULI CAIHUI YOU WEILAI

口时，就用委婉、友善、真诚的语言拒绝他，使其作罢。

拒绝不仅是一种艺术，更是化解人际交往中的隔阂的良方，掌握了这门艺术，你就能在人际交往中如鱼得水。

 ## 成也一张嘴，败也一张嘴

自从人类创造了语言，语言便成为改变一个人的生活甚至改变一个国家命运的机器，我们日常生活中发生的冲突纠纷大都起因于那些令人讨厌的声音、语调以及不良的谈吐习惯，如果你出言不慎，如果你在语言上伤害了别人，那么这把利剑便会刺向你，为你在人生的旅途中平添几多障碍和困扰。

阿根廷著名的足球运动员迭戈·马拉多纳在 1986 年世界杯上与英格兰队比赛时，打进的第一球是"颇有争议"的"问题球"。据说墨西哥一位记者曾拍下了"用手拍球"的镜头。

当记者问马拉多纳那个球是手球还是头球时，马拉多纳意识到倘若他直言不讳地承认"确系如此"，那么对裁判的有效判决无疑是"恩将仇报"，如果不承认，又有失"世界最佳球员"的风度。

马拉多纳回答说："手球一半是迭戈的，头球一半是马拉多纳的。"这妙不可言的"一半"与"一半"，等于既承认了球是手臂撞入的，颇有"明人不做暗事"的大将风度，又在规则上肯定了裁判的权威，具有了君子风度。

正如汤姆士所说："说话的能力是成名的捷径。它能使人显赫，鹤立鸡群。能言善辩的人，往往使人尊敬，受人爱戴，得人拥护。它使一个人的才学充分拓展，熠熠生辉，事半功倍。"即使你的思想像星星一般闪闪发亮，即使你像诸葛亮般精明，即使你的头脑里充满了有关艺术、体育、飞机、矿物学、电脑等等各种学识，但如果你不具备会说话的能力，这一切都将无法使你免遭语言障碍的困扰，只会使你因你那笨拙的舌头而黯然失色。

说话要投其所好

俗语说："用蜜比用醋更能捉到苍蝇。"

很久以前，有个国王夜里梦见他的牙齿全部掉光了。国王召来一个解梦的人，问他这个梦是什么意思，解梦的人听完了说："国王陛下，这真是不幸，这说明您的亲人会遇到灾难，因为每个牙齿的掉落，都代表着您一个亲人的死亡！"

"什么，你这个胡说八道的家伙！"国王愤怒地朝他大喊道，"你竟敢对我说这种不吉利的话？真是胆大妄为！"国王转过身下令："来人！将这家伙拖出去打50大板。"不一会儿国王又请来了另一个解梦的人，问他所做的梦的征兆。听了国王的梦，这个解梦的人立刻恭贺国王。

他说："国王您真是幸运，这个梦预示着您比您所有亲人都长寿！"国王听了，阴沉的脸马上开朗起来，笑着说："还是你的解梦术高明。侍卫，立刻到库房取50个金币给他。"两种不一样的表达方式，其后果竟是天壤之别。

我们看事物都是通过自己的眼睛，最明智的做法是先站在不同的立场，站在对方的角度想一想，然后换一种新的表达方式，那么，你可以收到意想不到的效果。

人们对于性格耿直的人总是又爱又恨，爱的是其正直，恨的是其毫不留情面，往往让对方无地自容。不站在对方的立场上说话，不注意说话的方式，最后的结果总是让人恨大于爱。

直率的性格是好的，但是直率的说话往往会有反作用。假如自己说话不加修饰，只一味地直率，那么就会伤人伤己。直率说话，效果可能是适得其反的。有的时候，虽然自己的出发点是好的，但是因为自己不会说话，往往自己的话让别人听起来非常的刺耳，感觉很不舒服。所以，我们说话一定要委婉、中听，一定要在摸清他人心理的基础上操练自己的舌头。

巧拉家常也是一种舌头功

1952 年，尼克松参加了艾森豪威尔总统的竞选班子。就在这时，有人揭发，加利福尼亚的某些富商以私人捐款的方式暗中资助尼克松，而尼克松将那笔钱据为己有。

尼克松据理反驳，说那笔钱是用来支付竞选活动开支的，绝没有据为己有。但是，艾森豪威尔要求他的竞选伙伴必须"像猎狗的牙齿一样清白"，准备把尼克松从候选人名单中除去。

这样，那一年 10 月的一天晚上 10 点 30 分，全国所有的电视台、电台将各自的镜头、话筒对准了尼克松——他不得不通过电视讲话解释这些捐款的来龙去脉，为自己的清白而作辩护。

尼克松在讲话中并不单刀直入地为自己辩解，以清洗丑闻给他蒙上的灰尘，而是多次提到他的出身如何低微，如何凭借自己的勇气、自我克制和勤奋工作才得以逐步上升的。这博得了观众和听众的同情。

说着说着，他话题一转，似乎是顺便提起了一件有趣的往事，他说道："在我被提名为候选人后，的确有人给我送来一件礼物。那是在我们一家人动身去参加竞选活动的那一天，有人说寄给了我家一个包裹。我前去领取，你们猜会是什么东西？"

尼克松故意打住，以提高听众的兴趣。"打开包裹一看，是一个条箱，里面装着一条西班牙长耳朵小狗儿，全身有黑白相间的斑点，十分可爱。我那6岁的女儿特莉西亚喜欢极了，就给它起了一个名字，叫'棋盘'。大家都知道，小孩子们都是喜欢狗的。所以，不管人家怎么说，我打算把狗留下来……"

这就是历史上有名的尼克松"棋盘演说"。事后，美国的一份娱乐杂志马上把这次"棋盘演说"嘲讽为花言巧语的产物。好莱坞制片人达里尔·扎纳克则说："这是我见过的最为惊人的表演。"

尼克松当时还以为自己失败了，为此还流过不少眼泪。可最后事态的发展完全出乎大家的意料，成千上万封赞扬他的电报涌进了共和党全国总部，他因为表现出色而最终被留在了候选人的名单上。

巧拉家常，主要是用浓厚的人情味拉近人们心理上的距离。古人云：用兵之道，攻心为上，攻城为下。同样，说人之道也是攻心为上。

巧拉家常是一种说话的技术，它使对方在情感上与你产生强烈的共鸣，不知不觉成为你的同伴，从陌生到熟悉，化对立为友好，恰似山重水复疑无路，柳暗花明又一村。

当你不会说话时就保持沉默

如果你发现实在无法让自己的舌头跳起桑巴舞，那就管好你自己的嘴，就像古人所说的"大音希声，大象无形"。

有一家汽车制造公司准备购买一大批用于车内装潢的布料，参与竞争的有三家纺织品厂商。在作最后决定前，该公司要求三家纺织品厂商各派一名代表于特定日期来该公司进行最后一轮洽谈。

道尔是其中一家纺织品厂商的业务代表，当时正好患了严重的咽喉炎，但这一点却使他"因祸得福"，获得了最后的成功。他事后回忆当时的情景说：

"我被引进一间会议室，面对的是那家公司的多位高级主管，诸如丝织品工程师、采购经纪人、业务经理及该公司总裁等。我站起身，尽最大努力想讲几句话，却只是徒费力气而已。

"众人环绕着会议桌而坐，都静

静注视着我。我只好在纸上写道：'诸位先生，我因咽喉炎发不出声来，我没办法讲话。真抱歉！'

"'我来帮你讲。'该公司总裁说道。于是，他便代我展示样品，并说明那些样品的种种好处。接着大家开始讨论，也都极力称赞我的纺织品的优点。由于那位总裁取代了我的位置，便代替我参加讨论。而我自己唯一能做的，只是微笑、点头或打几个手势而已。

"这个极其特别的会议，结果是：我得到了那份价值160万美元的合同——那是我有生以来争取到的最大订单。"

道尔带着庆幸的口气总结说："我知道，如果不是我不能开口说话，我一定得不到那份订单，因为我对整个事情的估计完全错误。经过这次经验，我发现多让别人开口讲话，实在有极大的好处。"

"三思而言"，没有经过自己大脑思考的话，不但是废话，而且往往会招来不必要的麻烦和灾祸。所以深谙说话之道的人不是在胸膛上"开窗口"，而是在嘴巴上"装阀门"。说话快思考慢的人总是说了又后悔；思考快说话慢的人多是智慧的，因为他们总是非常检点自己的语言表达。说话是为了正确地表达自己的思想和意见，而不是光图嘴巴痛快，乱发泄自己的情绪。有些人总是批评别人没有大脑，总是爱随便说话，但是却很少检查自己有没有大脑、有没有乱说话。一个人必须学会思考，一个人的嘴巴必须知道适时关闭。

第十章

借别人的力量，也能
实现自己的梦想

会努力，才会有未来

提高你朋友圈的"含金量"

谁都不是单独生活在社会中。在生活中，我们难免会形成这样或者那样的关系，比如父子关系、朋友关系、夫妻关系；在工作中，我们也要处理同事之间的关系、上级和下属之间的关系。在处理这些关系的过程中，我们会形成自己的人际关系。

有的人认为自己的能力强，就不需要拥有人际关系了。其实这样的想法是错误的，对于这样的人，社会将给予忠告：只依靠个人的力量取得成功的人，一定会付出超乎常人的代价。

有的人认为自己已经积累了很多财富，无论精神上还是物质上，都十分富足了，不需要再考虑人际关系的问题。这样的想法也是不对的。世界每天都在变化，你不可能每天都生活在自己的小屋里而不与外界接触。即使你没有什么需要求助于别人，但你还有父母、亲戚、朋友、子女，你不能保证他们也不需要你为他们做任何事情。

在生活中，财富固然重要，可是储存黄金远远不如储存人际关系重要。因为黄金是不可再生资源，花掉了，用完了，也就消失了，但是人际关系不一样，你完全可以利用它

会努力，才会有未来 *HUI NULI CAIHUI YOU WEILAI*

创造更多的价值。有了人际关系，你可能会有更大的发展，你的人生也会因为认识了越来越多的人而变得更加广阔。

每个人身上都有优点，如果身边的每一个人的优点集中起来，其力量将是无穷的。可是，生活中很多人并没有认识到这一点，他们紧紧地锁住自己。他们不知道，当他们集中精神只守着自己的那一小块田地的时候，已经失去了由人际关系构建起来的更为广阔的沃土。

有一个美国女人叫凯丽，她出生于贫穷的波兰难民家庭，在贫民区长大。她只上过6年学，也就是只有小学文化程度。她从小就干杂工，命运十分坎坷。但是，她13岁时，看了《全美名人传记大成》后突发奇想，打算直接与名人交往。她的主要办法就是写信，每写一封信都要提出一两个让收信人感兴趣的具体问题。许多名人纷纷给她回信。此外，她还有另外一个办法，凡是有名人到她所在的城市来参加活动，她总要想办法与她所仰慕的名人见上一面，只说两三句话，不给对方更多的打扰。就这样，她认识了社会各界的许多名人。成年后，她有了自己的生意，因为认识很多名流，他们的光顾让她的店人气很旺。最后，她不仅成为了富翁，还成了名人。

由此可见，你若想成功，就必须有很多人支持。任何只想依靠自己的实力获得发展的人，都将承受更大的压力，受更多的苦。所以，不要再仅仅执迷于自己的力量，从现在开始储备你的人际关系吧。若干年以后你就会发现，这些人际关系为你的人生价值的提升，已经远远超过了储备黄金所创造出来的价值。

情感的投资才会有大回报

生活在现实社会中的人，表面上看去一个个都是孤立的、具体的，许多人之间似乎并不相干，但只要对具体的人进行考察，也就不难发现，每个人都有亲属、同事、上下级关系，处在人际关系之中。每个人总是要应付和处理人际间的各种关系。也正是这些人际间的悲欢离合、冷暖亲疏，构成了一幅幅生动活泼的人间画卷，组成了纷繁复杂的人类社会。

人到哪里，社会关系便延伸到哪里，离开社会关系，人这个"纽结"就不会存在；而离开人这个"纽结"，社会关系也无法形成。总之，人生活在社会中，社会关系由人际交往构成。

这种以人为"纽结"织成的人际关系在历史片《走向共和》中表现得淋漓尽致。晚清政治实权人物的一脉相承——穆彰阿（道光时首席军机大臣）提携曾国藩，曾国藩举荐李鸿章；张之洞（光绪末重臣）归从胡林翼（光绪末重臣），翁同龢（光绪初重臣）的父亲是翁心存（同治重臣）。

人是社会性的动物，离开了周围的环境和朋友，人就无法再作为人类的一分子而生存下去。印度的一则关于"狼孩"的真实故事就说明了这个道理。

20 世纪 70 年代，在印度的一个村子里，人们在打死野狼后，在狼窝里发现了两个由狼喂养的孩子，其中大的约七八岁，小的

约 2 岁，他们被送到一所孤儿院抚养。他们被发现时，生活习惯与狼一样：用四肢行走，白天睡觉，晚上出来活动；怕火、怕光和水；不食素而吃肉（不用手拿，直接放在地上用牙撕开吃）；不会讲话，每到午夜后像狼一样引颈长嚎。小"狼孩"在第二年死去。大"狼孩"经过 7 年抚育才学会 45 个词，勉强学会几句话。大"狼孩"死时估计已有 16 岁左右，但其智力只相当于三四岁的孩子。

这个故事告诉我们，人如果离开社会，就像种子离开土壤、阳光和水分那样，永远不可能开花结果。狼孩之所以没有人的特性，原因就是他们从小与狼生活在一起，没有经过社会化。这就充分说明了人际交往的重要性。

人与人之间的交往是联结人类社会的纽带。不论是学习、工作，还是传播文化、交流思想、互通信息，人类的许多生活程序都是靠交往这一手段来完成的。

人类的社会活动过程，就是一个交往的过程。每个人都生活在人际关系之中。所以，任何人都必须与人交往，必须有自己的朋友，这样的人生才是真正有意义的、完整的人生。

独当一面是能力，单打独斗是陋习

不管你是一个什么样的人，如果你想打开自己的人生局面，就离不开与各种各样的人打交道。人帮人，办起事来才会顺利，人的事业才会发达。而那些成大事者总能够与别人相处得特别好，这到底有什么秘诀？

会努力，才会有未来 HUI NULI CAIHUI YOU WEILAI

在你认识的朋友当中，有人会特别吸引朋友。对于这样的人，你不禁感叹地说："他把人都吸引到自己身边了！"真是一语中的。人并非是强迫他喜欢谁，他就会喜欢谁。成大事者之所以能与各种人相处融洽，关键就在于他了解一般人所共同需要的两大基本渴望。利用好它们，就能与人很好地相处。

首先，要做到容纳。每个人都希望自己能够被周围的人接受，能够轻松地与形形色色的人相处。在一般情况下，与人相处时，很少有人敢于在别人面前完全地暴露自己的一切。所以，倘若有一个人能让你感到轻松自在、毫无拘束，你就会很愿意和他在一起，也就是说，我们希望和能够接受我们的人在一起。专门挑毛病的人，没有人愿意与之做朋友。

因此，我们切忌设定标准叫别人的行动合乎自己的准则。请给对方一个保持自我的权利，即使对方有一些毛病也无妨。要让你身旁的人轻松自在，这才是最重要的。

但是，并不是每个人都能很好地包容别人。有人曾经向一位有名的精神科医生请教人际关系中的包容问题，他说："如果人人都有包容的雅量，那我们就失业了！精神病治疗的真谛，在于医生们找出病人的优点，接受它们，也让病人们自己接受自己。医生们静静地听患者的心声，他们不会以惊讶、反感的道德式的说教来批判。所以患者敢把自己的一切讲出来，包括他们自己感到羞耻的事与自己的缺点。当他觉得有人能容纳、接受他时，他就会接受自己，有勇气迈向美好的人生大道。"

人们都喜欢获得别人的认可，从中可以感受到向上的力量。

有一天，一位父亲带着他自认为是无可救药的孩子到心理学家那里去寻求帮助。那个孩子已经被严重灌输了自己没有用的观念。刚开始，他一言不发，无论心理学家怎么询问、启发，他也不开口。这使得心理学家一时之间无从着手。后来心理学家在与他父亲的交谈中找到了医治的线索。他的父亲坚持说："这个孩子一点儿长处也没有，我看他是没指望、无可救药了！"

心理学家与他交谈，慢慢地找出了他的长处，即擅长雕刻。可以说他在这方面具有聪颖的天资，还颇有高手的意味。他家里的家具全被他刻伤，到处都是刀痕，因而常常受到父亲的惩罚。心理学家买了一套雕刻工具送给他，还送给他一块上等的木料，然后教给他正确的雕刻方法，并不断地鼓励他："孩子，你是我所认识的人当中，最会雕刻的一个。"

从此以后，他们接触得频繁起来，随着了解的加深，心理学家又慢慢地找出其他事项来鼓励他。有一天，这个孩子竟然不用大人吩咐，自动去打扫房间。这件事，使所有人都吓了一跳。心理学家问他为什么这样做。

他回答说："我想让老师您高兴。"

由此可见，人们都渴望他人的认可，而要满足这个欲望并不难。总之，一个人如果能够容纳别人，能够认可别人，他的周围就一定会聚集许多的朋友，这也正是那些成大事者有好人缘的秘诀。看看莫洛是如何成功的吧。

莫洛是美国摩根银行股东兼总经理，当时他的年薪高达100万美元，忽然有一天，他放弃了这个人人钦羡的职务，而改任驻墨西哥大使，并因此震惊了全美国。

但就是这位莫洛先生，最初不过是一个法院的书记，那他为什么后来有如此惊人的成就呢？

莫洛一生中最大的转折点，就是他被摩根银行的董事们相中，一跃而成为商业巨子，登上了摩根银行总经理的宝座。据说摩根银行的董事们选择莫洛担此重任，不仅因为他在企业界享有盛名，更是因为他善于与各种人打交道，并具有极佳的人缘。

凡特立伯曾任纽约市银行总裁，他在雇用任何一位高级职员时，首先要探听的便是这人是否善于与形形色色的人打交道。

有些人生来具有较强的人际交往能力，他们无论对人对己都非常自然，轻易就能获得他人的好感。而我们应该为建立一个好的人际关系而付出努力。不要忘了，良好的人际关系是你最大的资产。要想成大事，就必须善于和形形色色的人打交道。

多一分人缘，少一些烦恼。生活是个大舞台，每个人都在扮演着不同的角色，又不停地变换着角色，各个角色之间时刻进行着各种各样的人际交往。有了好的人缘，你就可以活得轻松自在、潇洒自如，塑造一个完美的人生。

🌿 只有优秀的人才能"拉你一把"

生活中人们难免会有这样的感慨，为什么有的人学富五车，却没有得到成功的眷顾，而那些能力稍差的人，却干出了一番事业。难道是上帝在保佑他们？可仁慈的上帝对他的孩子们都是公平的，他绝不会对任何一个人偏袒的。到底是哪里不同呢？其实那些学富五车却没能成功的人说到底是败在了人际关系上。

学富五车的人都不愿意自己的才能被埋没，都希望避免怀才不遇的窘境。但是如何才能避免怀才不遇呢？那就需要我们广交朋友，让好人缘带我们走向一条康庄大道。

金庸笔下的郭靖想必大家都知道，他虽然不机灵，但还是成了天下人人佩服的大英雄。看看这位"靖哥哥"周围的人，我们就能知道他成功的秘诀了。郭靖的师傅不下 10 位，既有以侠义闻名的"江南七怪"，擅长内功心法的马钰道长；又有武功盖世的洪老帮主，童心未泯的周伯通，更不用说聪明过人的奇女子黄蓉，等等。正是这"多元化"的师资组合，使他站在了尖子们的肩膀上，"笨"得像木头一样的郭靖终成一代大侠。郭靖虽然脑子不灵活，但他深深懂得，独腿走不了千里路，要真正在江湖上闯出一条路来，必须兼收并蓄，集众家之长，这就是他取得成功的关键——汲取人际关系的巨大作用成就自己。

郭靖可谓是赢在了人际关系上。然而如今，怀才不遇却好像成了很多年轻人的一种通病，他们的普遍症状是：牢骚满腹，喜欢批评他人，有时也会显出一副抑郁不得志的样子。

当然，这类人中有的的确是怀才不遇，由于无法适应客观环境，从而导致被埋没。但为了生活，他们又不得不委屈自己，所以生活得十分痛苦。

难道现实中有才的人都是如此吗？不，尽管有时会出现千里马无缘遇伯乐的情况，但如果你真是一匹千里马，你就应该知道伯乐对你的重要性。一次错过伯乐，并不代表你永远会错过他，只要你肯努力寻找，就一定会看到他的身影。

在现实生活里，并不是所有的怀才不遇者都是因为遇不到伯乐，而是因为他们没有处理好与他人的关系，致使他人挡住了伯乐发现他们的视线，让他们错过了发挥自己才能的机会。

孟宁是名牌大学的毕业生，尽管参加工作不久，但是头脑灵活、能力出众。唯一的不足就是不会用心去维护与同事之间的关系。有时候，同事之间约着出去玩，叫她一起去的时候，她总是表现出不耐烦的样子，用极其生冷的话拒绝别人。有同事要她帮忙的时候，她也认为是不值得做的事情，不屑于浪费自己的时间。

由于公司经营上的变动，总经理希望很快在公司内部找到一个能力出众的人来担任他的专属秘书。这样的机会很难得，因为总经理的秘书通常都是外聘的。总经理想到了平时表现很好的孟宁，觉得她有足够的能力胜任秘书一职，可是当总经理对孟宁进行最后的审核的时候，所有人都投了反对票，因为大家都认为，一个不懂得维护同事之间关系的人，就不会懂得维护与高层甚至客户的关系，这对公司的发展会产生不好的影响。

总经理采纳了众人的意见，孟宁失去了这次很好的发展机会。

在生活中，有才的人常自视清高，看不起那些能力和学历比较低的人，但如今的社会并不是你有才气，就能成大器。不注意人际关系的维护，将自己孤立在一个人的小圈子里，那么最终你只能变成一个怀才不遇者。

所以，要做到怀才有遇，一定要注意两点，首先，要广泛交友；其次，就是你在人际交往中的态度一定要谦虚友善，做到了这两点，相信你一定能被人赏识。

想要优秀，不妨与更优秀的人成为朋友

一匹好马可以带领你到达你梦想的地方，一个好朋友可以助你实现自己的愿望。

年轻的寿险推销员杰克来自蓝领家庭，他平时也没什么朋友。华特是一位很优秀的保险顾问，而且有许多赚钱的商业渠道。他生长在富裕家庭中，他的同学和朋友都是学有专长的社会精英。杰克与华特的世界根本就是天壤之别，所以在保险业绩上也是天壤之别。杰克没有人际关系，也不知道该如何建立人际关系、如

何与来自不同背景的人打交道，而且少有人缘。一个偶然的机会，杰克参加了开拓人际关系的课程训练，杰克受课程启发，开始有意识地和在保险领域颇有建树的华特联系，并且和华特建立了良好的朋友关系，他通过华特认识了越来越多的人，事业上的新局面自然也就打开了。

伟大的德国文学家歌德曾经说过："只要你告诉我，你交往的是些什么人，我就能说出，你是什么人。"

心理学研究表明，环境能够改变我们的思维与行为习惯，直接影响我们工作的效能态度。主动接近优秀人物，经常和成功人士在一起，有助于我们在身边形成一个"成功"的氛围，在这个氛围中我们可以向身边的成功人士学习正确的思维方法，感受他们的热情，了解并掌握他们处理问题的方法。在无形之中就提升了我们的能力。

下面是一位百万富翁请教一位千万富翁的对话，通过这个故事可以让我们知道和成功人士在一起的重要性。

"为什么你能成为千万富翁，而我却只能成为百万富翁，难道我还不够努力吗？"一位百万富翁向一位千万富翁请教。

"你平时和什么人在一起？""和我在一起的全都是百万富翁，他们都很有钱，很有素质……"百万富翁自豪地回答。

"呵呵，我平时都是和千万富翁在一起的，这就是我能成为千万富翁而你却只能成为百万富翁的原因。"那位千万富翁轻松地回答。

由此我们可以看出，造成差距的是他们所处的不同环境，也就是说交往的朋友不一样。职场中有这样一个规律：你的年收入是你交往最密切的 5 位朋友年收入的平均值。当然这个数字只是理论上的。

一位职员曾经向他的老板报怨道："老板，我真的很苦恼，因为我实在无法激发出我的潜力。"他的老板就告诉他说："原因只有一个，因为你没有跟成功者在一起。如果你与成功者在一起学习，他们都非常热情，非常有行动力，你跟他们在一起，不行动都不行。"

成功学专家认为，一个最有可能成功的人，他在朋友圈子中的成就应当是最低的。为什么是这样呢？因为只有你的朋友比你强的时候，你才能从交友中获益；假如所有的朋友都没你棒，就不太妙。

你所遇到的人，决定你的命运。因此，我们在交往中应尽可能结交优于自己的人，并朝这一目标而努力。如果你想积累自己成功的资本，提升自己的能力，巧妙利用环境因素，在自己周围营造"成功"的氛围，是一个绝好的办法。

第十一章

走自己的路，也要
听别人怎么说

会努力，才会有未来

 ## 谨慎没有过头，谦虚没有界限

我们每个人都很平常、很平凡，千万别太把自己当回事。如果认为自己比别人大一点点，这个字就念"臭"了。我们要永远记住：谨慎没有过头，谦虚没有界限。

在一个艺术家作品展览会上，《爱丽丝·亚当斯》的作者布思·塔金顿应邀出席。其间，两个可爱的十六七岁的女孩虔诚地向他索要签名。他问："我没有带自来水笔，用铅笔可以吗？"其实他知道不会被拒绝，只是想表现一下谦和对待普通读者的大家风范。

女孩们果然爽快地答应了。一个女孩将非常精致的笔记本递给他，他潇洒自如地签上了名字。女孩看过签名后，眉头皱了起来，仔细问道："你不是查波斯啊？"他非常自负地回答："不是，我是布思·塔金顿，《爱丽丝·亚当斯》的作者。"女孩将头转向另一位女孩，耸耸肩说道："玛丽，把你的橡皮借给我用用。"

那一刻，这位作家所有的自负和骄傲瞬间化为泡影。从此以后，时时刻刻告诫自己：无论多么出色，都别太把自己当回事。

古时候有位县令到本城小店理发，坐了一会儿，问理发师："知道我是谁吗？""不知道。"理发师答。"知道我叫什么名字吗？""不知道。""知道我是县令吗？""不知道。"理发师接着说，"你是来理发的，我是给你理发的，这不就够了吗？"县令再不发一言。

人生在世，都希望活得体面有滋味，总愿意人家在乎和尊重自己。

然而，为人要有尊严，却不可拿自己太当回事；为官或出名的人物，尤其不宜过于看重自己。如果以为"老子天下第一""舍我其谁"，就会盛气凌人、独断专行，结果不是脱离群众，就是走向人民群众的反面。任何人都没有什么了不起的。

曾任泰国总理的川·立派有一位勤劳的母亲，老人闲不住，在儿子当了总理之后，还在曼谷的一家市场内摆摊卖虾仁豆腐、豆饼、面饼。有记者采访她，问她为什么还干这个，她说："儿子当了总理，那是儿子有出息，与我摆摊并没有什么矛盾。"她面对记者表示："我其实没做什么，只不过在他小时候教导他做人必须诚实、勤劳和谦虚。"

别拿自己太当回事，并不是不要人格、品行和责任。在待人上的"当回事"与"不当回事"也是有区别的。就是对待自己不要太当回事，而对待他人则要真当回事。对自己不当回事，体现做人的谦虚谨慎、不骄不躁；对他人真当回事，反映待人的团结友爱、诚实守信。无论达官贵人、先哲圣贤，还是平民百姓，都应鉴戒。

起点低不可怕，怕的是境界低

不少年轻人刚开始工作时，对自己的期望值很高。在他们看来，自己是"人才"，因此，在工作中应当受到重用，应当得到丰厚的报酬。但是，抱有这样观点的人往往会在现实中碰壁。

名牌大学毕业的王超，在校园里是一个风云人物。在大学里，他是系学生会主席，曾多次组织过大型校内校外的活动，并利用假期，参加过许多社会活动。他自认为有很强的组织能力和领导才能。

但就在他应聘第一家公司的时候，就碰了壁。这是一家大型跨国公司，他面试的时候，就把他自己在大学里的成绩以及对自己的评价以一种自信的姿态说了出来，希望先声夺人，给对方留下一个好的印象。

但招聘人员却淡淡地问他："如果我安排你去我们的机修车间干一段时间，你接受吗？"

王超认为他们在试探他，便说："我的目标不是做机修工，但我会努力做到最好，直到你们满意。"

招聘人员微微点头："好，你到公司经过培训后，就去机修车间。"

王超没想到对方真让自己去机修车间，他有点急了："但是我觉得这样的工作不需要像我这样的人才去做，这是人才浪费！我完全可以做比机修工更重要的工作。"

对方说："在我们公司，没有一份工作不重要，也没有更重要的工作，只有重要的工作。我问

228

你一个问题，在我们公司所生产的产品中，你熟悉哪一种产品？"王超哑口无言。

招聘人员客气地对他说："欢迎你参加我们公司的下一次招聘。请下一位进来！"

像王超这样的例子实在太多了，他们都是"嫌弃"工作而找不到就业门路的大学生，他们好高骛远，不讲实际，这导致了他们"失业"的结果。

事实上，刚进入社会的年轻人没有经验，又对社会不够了解，所以，很少被委以重任的，他们需要在工作中一步步地磨炼，逐渐成熟，然后才可能得到他们想要的结果。

林韬是一名毕业于某师范大学的本科生，如今他是浙江某建筑公司的一名经理。在外人看来，像林韬这样毕业于师范院校的大学生，应该去做老师才对，当建筑工人和他的身份不配。

原来，在大学里学物理专业的林韬，毕业后由于所学专业比较冷门，辗转于人才市场一个多月也没找到合适的工作。后来，他和同学跑到浙江，想在那里闯一闯，当他听说某建筑公司招工人的时候，他决定放低姿态，先从工人干起，虽然工作在基层很辛苦，但通过自己的努力，在短短的两年时间里，他从钢筋工人做到了管理层，当上了经理。

回首过去走过的路，林韬感慨地说道："不管从事什么行业，只要不过高估计自己，放低姿态，努力了就会有回报。"

在这个社会，很多年轻人自命不凡，他们心态浮躁，不肯从最基层做起，迫切地想证明自己的能力。他们认为自己是硕士、博士，比那些专科、本科生的起点要高。所以，他们的姿态永远都是高扬的，对那些平凡的岗位之类的角色丝毫没有兴趣，他们认为自己应该找一份和自己能力"匹配"的工作。但是结果又常常不如人愿，你比别人强，还有比你更强的，所以，要放低姿态，从基层做起。

即便你是天才，也应该保持谦逊

一位学者这样说道："当我以为自己什么都懂的时候，学校颁给了我学士学位；当我觉得自己一知半解的时候，学校颁给了我硕士学位；当我发现自己竟是如此孤陋寡闻的时候，学校颁给了我博士学位。"

这位学者的话揭示了一个这样的道理：当人越谦卑的时候，越会发现自己有所不足，就越会懂得放下身架虚心求教，这样所学到的东西也就越多。这位学者所分享的话与我们平时所说的"越熟的麦子头垂得越低"有着异曲同工之妙。意思就是说，当一个人越懂得谦卑的时候，不单本身能获益更多，也更能让人发自内心地钦佩、敬重他。

古希腊著名哲学家苏格拉底讲过："就我来说，我所知道的一切，就是我什么也不知道。"他以最简洁的形式表达了进一步开阔视野的理想姿态。可以说，至今仍有很多人信奉苏格拉底这句名言。无论你多么伟大，无论你多么有才能，你也有不知道的地方，说不知道并不是就意味着你无能，反而在勇敢承认的同时而获得了更多的称赞。

有一位学问高深、年近八旬的老妇人，她原是大学教授，会讲五种语言，读书很多，语汇丰富，记忆过人，而且还经常旅行，可以称得上是见多识广。然而，从未有人听到过她卖弄自己的学识或对自己不了解的事情假称通晓。遇到疑难时，她从不回避说"我不知道"，也不去搪塞，而是建议去查阅有关专著、资料，以作参考。每个跟她接触的人真正懂得了怎样才能被别人敬重，怎样才能获得做人的最好的尊严。

著名的心理学家邦雅曼·埃维特曾指出，平时动不动就说"我知道"的人，头脑迟钝，易受约束，不善于同他人交往。迅速和现成的回答，表现的是一种一成不变的老套思想，而敢于说"我不知道"所显示的则是富有想象力和创造性。埃维特还说，如果我们承认对这个或那个问题也需要思索或老实地承认自己的无知，那么我们的生活就会大大地改善。

从事任何一种职业的聪明人，都有勇气承认"没有人知道一切事情"这个事实。承认自己不知道无损于他们的自尊。对于他们来说，"不知道"是一种动力，并不是说出来就大失面子的话语，因为自己的"不知道"，反而会促使他们去进一步了解情况，求得更多的知识。

在柯金斯担任福特汽车公司经理时，有一天晚上，公司里因有十分紧急的事，要发通告信给所有的营业处，所以需要全体职工协助。当柯金斯安排一个做书记员的下属去帮忙套信封时，那个年轻职员傲慢地说："那有损我的身份，我不干！我到公司里来不是做套信封工作的。"

听了这话，柯金斯一下就愤怒了，但他平静地说："既然做这件事是对你的污辱，那就请你另谋高就吧！"

于是那个人一怒之下就离开了福特公司。他跑了很多地方，换了好几份工作都觉得很不满意，他终于知道了自己的过错。于是又找到柯金斯，诚挚地说："我在外面经历了许多事情，经历得越多，越觉得我那天的行为错了。因此，我想回到这里工作，你还肯任用我吗？""当然可以，"柯金斯说，"因为你现在已经能听取别人的建议了。"

再次进入福特公司后，那个人变得很谦逊，不再因取得了成绩而骄傲自满，并且经常虚心地向别人请教问题。最后他成为了一个很有名的大富翁。

一个年轻人，无论他多么有才华和能力，如果他不能谦逊待人，也会遭到他人的唾弃。对于外界的排斥，尽管有些人外表会表现得桀骜不驯、满不在乎，但是这种人心底深处还是会隐隐存在着一种被认同的渴求。

这个世界从来不缺乏有才华和能力的人，缺乏的是有才华同时又能保持一个谦逊的君子之心的人。

放下"身架"，方能提高"身价"

真正的大人物，是那种成就了不平凡的事业，却仍然和平凡人一样生活着的人。他们从来都是虚怀若谷的，他们不会觉得自己才高八斗、学富五车，他们从来不会见人便喋喋不休地诉说自己不被重用的"遭遇"和"不幸"，他们从不埋怨自己的上司是"妒贤嫉能之辈"，从不痛恨自己的同仁是"居心叵测之人"，他们只是"不以物喜，不以己悲"地去干着自己分内的事情。

自以为是的年轻人头脑容易发热，他们往往充满梦想，只相信自己，从来不接受别人的意见和劝告，认为采纳了别人的意见就等于认输了，其实这些人是典型的外强中干，他们的固执恰恰证明了他们骨子里的自卑，正因为心虚，所以才不愿服输。

其实有内涵、有魄力的人，不一定永远站在智慧的最高峰。忘记曾经的成功、曾经的辉煌，正视现实，不盲目蛮干，这样的人即便退居幕后，我们给予他们的仍然是掌声和鲜花。

土光敏夫是日本著名的经营学家。1964 年，68 岁高龄的土光敏夫就任东芝董事长，他经常不带秘书，独自一人巡视工厂，遍访东芝散设在日本各地的三十多家企业。身为一家公司的董事长，亲自步行到工厂已经非同小可，更妙的是他常常提着一升瓶装的日本清酒去慰问员工，跟他们共饮。这让员工们大吃一惊，有点不知所措，又有点受宠若惊。没有人会想到他身为大公司董事长，会亲自提着笨重的清酒来跟他们一起喝。因此工人赞赏地称赞他为"捏着酒瓶子的大老板"。

土光敏夫平易近人的低姿态使他和职工建立了深厚的感情。即使是星期天，他也会到工厂转转，与保卫人员和值班人员亲切交谈。他曾经说过："我非常喜欢和我的职工交谈，无论哪种人，我都喜欢和他交谈，因为从中我可以听到许多创造性的语言，获得巨大收益。"

的确，他通过对基层员工的直接调查，不仅获得了宝贵的第一手资料，而且弄清了企业亏损的种种原因，还获得了很有价值的建议，更重要的是赢得了员工的好感和信任。

美国前总统华盛顿也是靠着他那平易近人的领导风格赢得了千万美国人的尊重和拥戴的。有一天，他穿着一件过膝的普通大衣一个人走出了军营，他的低调让很多遇到他的人没有认出他来。

他走到了一条街道旁边，看到一个下士正领着几位士兵垒街。那位下士双手插在衣袋里，站在旁边，对抬着石头的士兵们发号施令。尽管下士喊破了喉咙，士兵们经过多次努力，还是不能把石头放到预定的位置上。

大家的力气都耗尽了，那块石头眼看着就要滚下来。在这关键的时刻，华盛顿疾步上前，用他的臂膀顶住石块。终于，那块石头被放到了位置上。士兵们拥抱华盛顿，向他表示感谢。

华盛顿转身向那个下士问道："刚才你为什么不帮一帮大家呢？""你是在质问我吗？难道你看不出我是下士吗？"那下士背着双手，霸气十足，不可一世。华盛顿笑了笑，然后就不慌不忙地解开自己的大衣纽扣，露出自己的军服，说："按衣服看，我就是上将。不过，下次再抬重东西时，你也可以叫上我。"那个下士这时才知道发生了什么事情，顿时羞愧难当。

生活中，爱摆"臭架子"的人一点儿也不少见，哪怕只是当了个芝麻大的官，手下只有可怜的一个"兵"，也要把官腔打足、官架摆足，无论是说话、走路、办事，都是装腔作势，有意显得威风、了不起的样子。

爱摆架子的人居高自傲，从不把别人放在眼里。他们不知道，"臭架子"摆得越大，在别人心目中其身份和地位越低。因为究竟能不能当好官儿，不在于"官架子"端得大不大，而在于是否具有人品、能力、水平和亲和力，是否得到了下属的认可，能不能得到他们真正的信服和敬仰。

一位光明磊落、深受群众爱戴的领导干部曾经这样说过："为官不要自觉高人三等，而应自觉低人三等。"所以身份和地位越高的人，越要把自己的姿态放低，只有这样才能赢得追随者的敬重和信赖。

别让自己成为不受欢迎的人

很多人都认为个性很重要，特别是年轻人，他们最喜欢谈的就是张扬个性。他们最喜欢引用的格言是：走自己的路，让别人去说吧！时下的种种媒体，包括图书、杂志、电视等也都在宣扬个性的重要性。我们可以看到许多名人都有非常突出的个性。爱因斯坦在日常生活中非常不拘小节、巴顿将军性格极其粗野，画家凡·高是一个缺少理性、充满了艺术妄想的人。

名人因为有突出的成就，所以他们许多怪异的行为往往会被广为宣传，有些人甚至产生这样的错觉：怪异的行为正是名人和天才人物的标志，是其成功的秘诀。我们只要分析一下，就会发现这种想法是十分荒谬的。

四年前，刘冰毕业于中国一所名校的计算机系，那时，他是一个追求独特个性，充满了抱负和野心的年轻人。他崇拜比尔·盖茨和斯蒂文·乔布斯这两个电脑奇才，模范他们不拘一格的休闲穿衣风格，他相信"人真正的才能不在外表，而在大脑"。对那些为了寻求工作而努力装扮自己的人，他嗤之以鼻。他不仅穿着牛仔裤、T恤，还穿上了一双早已落伍的旧时期的鸭舌口黑布鞋，他认为自己独特的抗拒潮流又充满叛逆性格的装束，正反映了自己有独特创造性的思想和才能。

　　一次，他穿着自己那套"潇洒"的"盖茨"服，外加上"性格宣言"的黑布鞋去面试。在他进入面试的会议室时，看到有五六个人，全部是西服正装。他们看起来不但精明强干，而且气势压人。他那不修边幅的休闲装，显得如此与众不同、格格不入，巨大的压力和相形见绌的感觉使他恨不能找个地缝钻进去。他没有勇气再进行下去，最终放弃了面试的机会。他说："我的自信和狂妄一时间全都消失了。我明白了一个道理，我还不是比尔·盖茨。"

　　名人确实有突出的个性，但他们的这种个性往往表现在创作的才华和能力之中。正是他们的成就和才华，使他们特殊的个性得到了社会的肯定。如果是一般人，一个没有多少本领的人，他们的那些特殊行为可能只会招来别人的嘲笑。

　　如今，职场上追求个性的人越来越多，那些才华出众的人，尤其喜欢张扬自我，不愿放弃自己的主张与见解，错了都不肯低头。如此鲜明的个性，让人无法接受，对自己的发展也相当不利。

盲目追求个性的人都有一种显示与众不同的想法。在实际生活工作中不难看到这样的现象，有人对一些不听指挥、顶撞上级或身陷困境仍然执迷不悟的顽固分子，称赞道"有个性"。也有人为了展示自己独特的个性，死死坚持自己错误观点不改正或是做一些意想不到的事。他们最终的目的，就是为了显示自己的与众不同。

我们说推崇个性，但不等于不要尺度。如果时时、处处、事事都特立独行，脱离群体，在世人的眼中便是只"怪物"。如果连群体都不能容纳你，起码的交流和生活都成问题，根本就没有成功的可能。

因此，当我们张扬个性的时候，必须考虑到我们张扬的是什么，必须注意到别人的接受程度。如果你的这种个性是一种非常明显的缺点，你最好的选择还是把它改掉，而不是去张扬它。

社会需要的是生产型的个性，只有你的个性能融入到创造性的才华和能力之中，你的个性才能够被社会接受，如果你的个性并不是一种才能，仅仅表现为一种脾气，它往往只能给你带来不好的结果。

在生活中，随意张扬无尺度的个性，常常给自己带来不必要的麻烦，甚至会让自己吃亏。所以，我们最好还是聪明一些，尽可能与周围的人协调一些，这才是智慧的表现。

才大不可气粗，居高不可自傲

二十几岁的年轻人大都是"90后"。"90"后是彰显个性的一代，也是最为任性的一代。由于出生在特殊的时代，不论男孩还是女孩，"90后"都有任性的特点。因为多数"90后"都是独生子女，有的父母还不在身旁，由爷爷奶奶一辈的老人们来照顾。这使他们在家里受到了过多的娇惯、溺爱和迁就，天长日久，就养成了任性的性格。这种现象在社会上非常普遍，慢慢地，便形成了这代人的总体性格特征，同时，这个特征也间接地导致了部分"90后"的做事能力差，做错了还奢望别人迁就自己、原谅自己、如果不被原谅，就要么赌气不做，要么辞职不干。

大学毕业后，小高就顺利进入了一家外企在广州设立的办事处。工作并不太忙，公司还送她去学习报关和相关物流培训班充电。不菲的薪水，较大的发展空间，令很多同学羡慕不已。小高渐渐骄傲起来，对销售人员乃至部门经理安排的事情，要么是有选择性地做，要么就忘在脑后，态度甚至有点傲慢。好在总经理以"男士要有绅士风度，不要跟女孩子计较"为由，让男同事礼让小高几分。

一年前，小高和几个同事一起去参加北京的展会，开展当天，由小高负责的好几个文档都遗留在酒店，忘记拿了，几个同事不满说了她几句。回广州后，小高竟赌气递上辞呈，总经理为稳定团队，挽留了她，小高因赢得"胜利"而得意扬扬。可没承想此后，递辞呈成了小高的"撒手锏"，一有不如意就赌气辞职。后来，总经理终于在辞职信上签名准许，看着"弄假成真"，小高叫苦不迭。"我知道很难再有上司像总经理那么宽容，是我自己没有珍惜机会，我的任性，对于总经理的宽容大度来说，也是一种伤害和辜负。"小高现在后悔莫及。

人这一生，除了家人以外，任何人都没有义务迁就你。家人的迁就，那是饱含着深情的，是一种宽容，是一种无私的爱，哪怕你做得再不对，他们也会原谅和包容你。只因为这是一种亲情，而这亲情的存在让他们不计一切地迁就你。

年轻人在社会上行走，一定要认清生活的实质，不要过多地寄希望于别人迁就你。要一切靠自己，尽心尽力地做好每件事，把握好自己的一切，这样自己也不会受到伤害。

少一分书生意气，多一分入世心态

北宋大文豪苏东坡曾自嘲"一肚子不合时宜"，意即自己的书生气太重。所谓书生气，就是指一个人过于认真，再带一点点天真。由于儒家的入世思想在我国根深蒂固，讲究经世致用，书生气不合时宜似乎是几千年来的定论。

一定程度上，有书生气的人都是性情中人，他们不会装腔作势，装模作样，只做自己感兴趣的事。他们对兴趣的偏好没有太多的目的性，有感而发，倾情而动，全凭兴致，不顾后果。

书生气在表现形式上有多种多样，具体表现有不入流、迂阔不化、固执己见、不懂世故、虚多实少等，有的还被时下讥为书呆子、傻子。其实，有书生气并不完全是坏事，我们每个人刚刚踏入社会的时候，都多多少少会有一些书生气，但书生气中有一些消极的因素，在现实面前应学会改变自己。一般来说，有书生气的人都是理想主义者，当现实无法实现自己的愿望时，他们大都会借助理想去表达自己的感怀，一展自己的抱负，他们不希望自己在现实面前完全被吞没。但书生气又不宜太过，过了，就会与现实发生碰撞，如果不会处理这一矛盾，就会被撞得头破血流。

如果在校园中，你的书生意气重些无所谓，不会对你的学业造成影响。但进入社会后，就要想办法让自己成熟起来，要是还保持书生意气，不能尽快入世，势必对自己的发展不利。那么，怎样才能让自己成为一个成熟的人呢？

1. 不斤斤计较

成熟的人不斤斤计较，不贪图小便宜，不在乎吃点小亏，不喋喋不休地抱怨这抱怨那。他们的眼光从不被琐碎事务绊住，对于人与人之间的小矛盾，他们经常是大事化小、小事化了。

2. 重视诺言

成熟的人绝对不会出尔反尔，他对自己的每个承诺都相当重视，在许愿之前周密考虑，自己的话是否真能兑现，如不能兑现的话他绝不说，言出必践。他的每一句话都让你觉得放心、可信任。满嘴跑火车、乱放空炮、迟迟拿不出行动的人，与成熟不沾边。

3. 不夸夸其谈

成熟的人从不随随便便高谈阔论，他会保持适当的沉默，说话声音清晰但不乱嚷。随便喝点酒就把自己的经历、小故事拿来满桌子大讲，不用喇叭满屋人就都能听见的人，最多博听众一笑，谁也不会把他那五花八门的所谓"奋斗之路"放在心里。

4. 有才华却不张扬

一个年轻人要想尽快成熟，就需要养成多读书的习惯，用知识来填充自己的头脑。有时间要多看书，做一个有修养的人，而不是把时间浪费在滑稽怪诞的事情上。成熟的人会不断地丰富自己的内涵。但他们不张扬，他们的才华只在必需的时候才展现出来，绝不会为了满足虚荣心去刻意卖弄。他们如醇厚的酒，越品越有味道。

5. 宽容待人

一般说来，当一个社会形成了一种宽容的气氛时，就会变得充满生机。在这样一个竞争日益激烈的社会中，最要紧的是宽容，是用善心待人，原谅人家偶然的过失，即使是犯有大错的人，也要温和规劝，给他改正的机会。

6. 懂得换位思考

有一句名言说，如果我们只站在自己的角度看问题，那么我们永远不知道别人在想什么。这个世界上，有很多问题，站在自己的角度去思考可能永远不能了解或解决，而换个角度去思考就会有一个全新的答案。

所以，我们在说话办事时，不妨换一个角度。这样就会事半功倍。

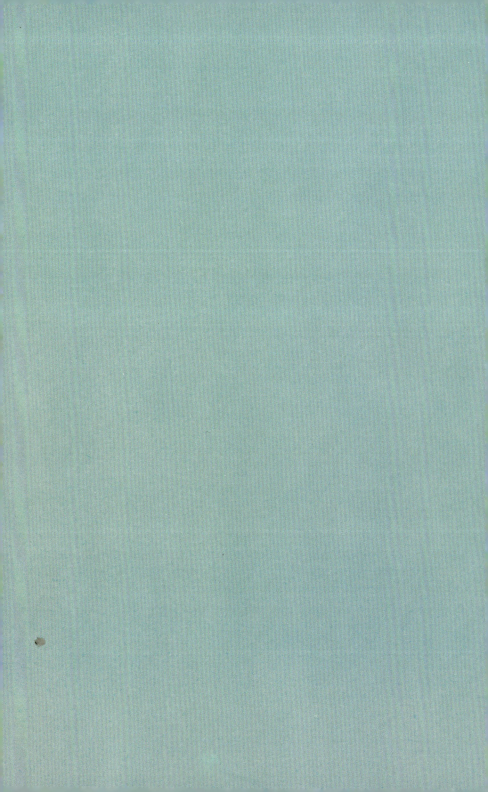